日本の「情報と外交」

孫崎 享
Magosaki Ukeru

PHP新書

JN284376

はじめに

私は外務省で、情報に特化した道を歩んだ。

外務省が意識的に情報に特化した人間を育てる方針をもっていたわけではない。時々の要請で、情報分野の要請が強いポストに何となく配置された。しかし、この「何となく」の配置が、情報マンを育てるのに理想的な環境だった。

すべてのスタートは、一九六六年の英国陸軍学校への留学である。

外務公務員上級試験に合格し、大河原良雄《おおかわらよしお》人事課長との面接で、ロシア語を学ばないかと提示された。「英国に二年留学できるし、その後モスクワでも勉強できる。三年の留学はいいよ」といわれ、「はい」といった。それが外務省人生の方向を決めた。

英国陸軍学校で一年間学び、その後、ロンドン大学でソ連情勢を勉強した。このときにチェーホフやトルストイの『戦争と平和』やアフマートヴァの詩に没頭した。

後にソ連の印象を聞かれて、

「ソ連体制のもとでは、皆が皆を裏切らなければならない。そうでなければ生きていけない。ソ連社会に入るのは泥沼に入るようなものだ。しかし、その沼に、ときに真珠がある。この真珠を見て、やはり人間はいいと救われた気持ちになる。そして日本の社会に戻ってくる。ここは安全な場所と思って裸足で走っていると、グラウンドに誰かがガラスの破片を投げている。足を切る。命がかかっているなら投げていい。命の危険もないのに、なぜガラスの破片を投げるのか。無性に腹立たしくなる」

と述べていたのは、アフマートヴァ（ソ連時代、長く沈黙）、エセーニン（一九二五年自殺）、マヤコフスキー（一九三〇年自殺）の詩に親しんでいたからだろう。

一九六八年チェコ事件直後、モスクワ大学経済学部経営研究所に籍をおいた。当時、ソ連をどう見るかがまだ定着していない。一方に、ソ連を全体主義として激しく非難する勢力があった。もう一方に、ソ連の高度経済成長を背景に、依然、資本主義にとって代わる体制とみなす勢力もあった。どの解釈が正しいのか。本を読んで解るわけでもない。権威のある者が正解を述べているわけでもない。「ソ連の体制とは何か。自分の目で見たもので評価していこう」。この姿勢でモスクワ大学と、その後の駐ソ連大使館勤務に臨んだ。

ちょうどこの時期、外務省では自ら情報収集し、判断し、政策を立案する体制を強化する動きが出ていた。調査部に分析課、企画課が設立され、士気が高かった。堂《どう》ノ脇光《わきみつ》朗《ろう》分析課長が私の報告に関心をもち、分析課に引っ張ってくれた。

ロシア語を学んだこと、そして本省での最初の勤務が分析課であったことが、私が情報分野に特化する契機である。

在外では「悪の帝国」のソ連に二回、計五年勤務した。これに「悪の枢軸」のイラク、イランに、おのおの三年弱勤務した。一九九二年ごろ、北朝鮮にも四日程度滞在した。「悪」の国に勤務した点では、国際的に誰にも引けをとらない。

駐英国大使館勤務では、英国の対外政策を担当した。カナダでは、米国の隣に位置し、国家としての独自性をいかに維持するかに苦心するカナダの眼を通して、米国とは何かを学んだ。一九八五年から一年、ハーバード大学国際問題研究所で軍事戦略を研究した（ちなみに英国情報機関、通称ＭＩ６の長ソワーズも一時、ここの研究員である）。さらにソ連崩壊後、中央アジアのウズベキスタンに大使として赴任した。

日本国内では、一九七四年石油危機直後、通産省の石油部に出向した。総合研究開発機構（NIRA）の国際交流部長にも出向した。この時代に『カナダの教訓』（ダイヤモンド社）、『日本外交　現場からの証言』（中公新書）を書いた。本省では、分析課長、国際情報局長を務めた。

ハーバード大学での研究員、総合研究開発機構の部長時代、そして二〇〇二年からの防衛大学校教授で、学界との接点をもった。外務省の人事政策に一貫性があったわけではない。しかし、こうして見ると、仮に外務省が意識的に情報分野の専門家を育てようとしても、これ以上考えられないコースを与えている。

戦後の外務省において、情報分野に特化したかたちで勤務してきた人はほとんどいない。一人は岡崎久彦《おかざきひさひこ》氏（元駐タイ大使）であり、いま一人は渋谷治彦《しぶやはるひこ》氏（元駐ドイツ大使）である。渋谷治彦氏はドイツ大使在職中に発病し途中で任務を終えられたが、彼の情報収集能力は群を抜いていた。彼はまだ駐西独大使館書記官時代に、ドイツの経済閣僚に日本経済のレクチャーをし、代わりに欧州通貨の極秘情報を引き出していた。当時、「渋谷情報」は外務省で猛威をふるっていた。

　こうした経歴を通して、「情報をいかに集めるか」「どう分析するか」「分析結果をどう伝達するか」に自分なりに苦心してきた。

　また、外務省で分析課長や国際情報局長のころは、米国のＣＩＡ、韓国のＫＣＩＡ、英国のＭＩ６、イスラエルのモサド、その他イラン、ヨルダン、エジプト、ドイツ、豪州、シンガポール、カナダなどの情報機関の人々とも交流した。「悪の帝国」のソ連、「悪の枢軸」のイラク・イラン勤務のときには、この地に配属されている各国の情報機関の人々とも交わっていた。

　ハーバード大学の国際問題研究所時代には、サミュエル・ハンチントン、アーネスト・メイ、ジョセフ・ナイ、グレアム・アリソンなど、学者としてだけでなく、米国の情報分野、国防分野に深く関わった人々の考え方に、授業やパーティーの席上で接してきた。

　私はこれまで、外交面について『日本外交　現場からの証言』、安全保障面について『日米同盟の正体―迷走する安全保障』（講談社現代新書）を書いてきた。おのおの、それなりに評価をいただいた。最後に残ったのが情報分野である。

こうしたなか、ＰＨＰ研究所の吉野隆雄氏より、情報に関し、できるだけ個人の経験を紹介するかたちで執筆してみないかとのお誘いをいただいた。

この本は、ある意味で私の回顧録である。情報分野をどう考えるかというテーマをもちながら回顧するかたちをとった。執筆の新しい試みである。情報に対する私の思いが読者に伝わればば幸いである。

平成二十一年（二〇〇九）九月

孫崎　享

新書版の序にかえて――尖閣問題で岐路に立つ日本外交

いま日本は、中国への対応をめぐって、きわめて厳しい岐路に立たされている。その最も先鋭化した課題が「尖閣《せんかく》問題」だ。尖閣問題をたんに島の領有権をめぐる争いととらえては近視眼的に過ぎるだろう。なぜなら、この問題には、大国化する中国に対して今後日本がどのように対峙《たいじ》していくべきかという根本問題が含まれているからだ。

尖閣諸島沖中国漁船衝突事件が発生した二〇一〇年九月七日以降、尖閣諸島をめぐっては国内でも中国でもいろいろな動きが生じた。これら一連の動きも含めて「尖閣問題」と呼ぶならば、尖閣問題は、外交関係において情報の取り扱い方がいかに難しく、かつ重要であるかを知らしめた、といえるだろう。

端的な例として、丹羽宇一郎《にわういちろう》駐中国大使（当時）の発言をめぐる顚末《てんまつ》をふり返ってみよう。丹羽大使は、石原慎太郎都知事（当時）が進めていた都による尖閣諸島購入計画について、英紙『フィナンシャル・タイムズ』（二〇一二年六月七日）のインタビューに応え、こう述べた。

「実行されれば日中関係に重大な危機をもたらすことになる」

丹羽駐中国大使の判断は正しかった

この発言は、政府、与党、野党、マスコミから集中砲火ともいうべき激しいバッシングを浴びた。その結果、藤村修内閣官房長官が七日午後の記者会見で、「あれは個人的見解で政府の立場を表明したものではない」と釈明するに至る。そして最終的に、丹羽大使は更迭《こうてつ》された。

では、その後、尖閣問題はどのように推移していったであろうか。

日本政府が九月十一日に尖閣諸島の国有化（日本国への所有権移転登記）を完了するや、中国国内では、反日デモが続発し、一部は暴徒化して日本関連の商店・工場を破壊するに至った。こういった反日暴動はその後収束したものの、続いて、不買運動を含む日本企業への「経済報復」攻撃が開始された。日本経済がこうむった打撃はけっして無視できるものではない。

たとえば、中国におけるトヨタ自動車の自動車生産量は、二〇一二年九月には前年同月比約四割減となり、一時的に生産ラインをストップするところまで追い込まれた。中国における減産態勢は今後もしばらく続くと見られている。自動車の減産に伴って、部品材料である鉄鋼などの対中輸出にも急ブレーキがかかった。日本国内においても、中国人観光客の激減によって観光産業に深刻な影響が出はじめている。なかには倒産に追い込まれたホテルもあるという。この「経済報復」攻撃は、現在も進行中である。

こうしてみると、丹羽大使の判断は、きわめて的を射たものであったといわざるをえない。日本国が尖閣諸島を購入した結果、まさに「日中関係に重大な危機」がもたらされたからである。

ではなぜ、正確な判断を示した丹羽大使に対してバッシングの嵐が巻き起こったのだろうか。私は、日本政府が外交政策を立案するにあたっての「悪しき伝統」が、このバッシングの根底に横たわっていると考える。

外交政策を立案するにあたっては、情勢判断を基礎とすべきである。情勢判断は客観的な事実を見ることから始まる。しかしながら、日本の外交においては、「何をしたいか」という願望がつねに先行し、都合のよい情報ばかりが集められるという倒錯した政策立案が繰り返されてきた。

ちょっと考えてみればわかることだが、中国（政府）の情報をいちばん入手している日本人は、北京にいる日本人なのである。日本にいる日本人ではない。むしろ、ある意味で駐中国大使こそ、中国に関するさまざまな情報をもっとも多く入手している日本人といえる。したがって、これは駐中国大使にかぎらないが、現地の大使をはじめとする外交官が情勢判断について発言をしたのであれば、政府はその発言を重みのあるものとして慎重に配慮し取り扱うべきだった。しかし、今日の日本は、政府自ら大使の情勢判断を軽視し、公然と非難するという尋常ならざる事態に陥っている。ここに、日本における情報の取り扱いに関する根本的な欠陥が垣間見えた。

「いつか来た道」を繰り返すのか

ここでいう「情報」は、ニュースで受動的に見聞きするような「インフォメーション」のことではなく、外交や軍事面での行動を前提として能動的に集められる「インテリジェンス」を指している。言い換えるなら、インテリジェンスとは対外的に最善の行動をとるための情報（インフォメーション）といえるだろう。

一般に、対外戦略を策定するにあたっては、目標を明確にすること、目標実現の道筋を明らかにすること、そして、相手の動きに応じて柔軟に対処できるよういくつもの選択肢を用意することが求められる。その際、真っ先に必要とされるのが、「外部環境の把握」と「自己の能力の把握」だ。この二点について、いかに客観的で正確な情報を入手するかがきわめて重要になってくる。すなわち、インテリジェンスである。

残念ながら、わが国は戦前も戦後も一貫して、外部環境の客観的把握に失敗しつづけてきた。主だった失敗を列挙してみよう。

- 日中戦争の長期化……日本軍が中国の抵抗を過小評価
- ノモンハン事件……日本軍がソ連軍を過小評価
- 三国同盟……松岡洋右《まつおかようすけ》外相が米国の強い反発を誤認
- 真珠湾攻撃……米国は英国とともに日本に対して石油禁輸措置をとるなど日本が先制攻撃に向かうよう誘導。米国内の中立政策支持の世論を転換させ、欧州戦線でナチと戦うための説得材料とするためだった。日本はこうした背景を認識せず

これらの失敗に共通しているのは、相手の脅威を過小評価して自己の能力を過大に評価する傾向である。

現在の尖閣問題をめぐる日本の世論や識者たちの論調を眺めると、悲しいかな、またしても「いつか来た道」をたどろうとしているかのように見える。中国が有する軍事力を客観的に評価しようという試みはほとんどなされない。その一方で、「日本がその気になれば中国に勝つのは簡単」といった論調が散見される。

しかし、これが、いかに目先の一手しか考えていない浅はかな考えかということは、

戦闘レベルの問題を考えてみれば、容易にわかることだ。

考えられる戦闘としては、レベルの低い順から次のように推移すると思われる。第一段階は巡視船レベル。第二段階は海軍力レベル。第三段階は空軍力レベル。第四段階はミサイルレベル。そして最終の第五段階が核兵器レベル。「日本が勝てる」論の論者たちは、このうち、せいぜい第二段階までしか見ていないのである。たしかに、「水鉄砲レベル」ともいえる巡視船レベルでは勝利するかもしれない。また、現段階では海軍力でも勝てるかもしれない。しかし、戦争が継続して上のレベルにエスカレートしていけばいくほど、日本が劣勢に追い込まれることは明らかだ。

もしも、第三段階の空対空の戦いになったとしよう。中国は必ず、約八〇発の短中距離弾道弾と約三〇〇発のクルーズミサイルを仕掛けて、航空自衛隊の滑走路を破壊してくるにちがいない。このような戦闘レベルに至っては、日本が勝利できる方途は残されていないのである。

にもかかわらず、戦闘の長期化やエスカレートといった十分考えられる客観的な危険性を無視した「日本勝利」論が、世論どころか政府内にも跋扈《ばっこ》している。「中国に勝ちたい」という願望が先に立って、その結論を導き出すのに好都合な情報しか目に入らなくなっているからである。

客観的な情勢分析に基づいて行動を決定するのではなく、主観的な願望に引きずられて重要な事実が見えなくなる。不都合な事実は排除する。尖閣問題をめぐる最大の危険性はここにある、といっても過言ではない。

太平洋戦争の敗北から七十年近く経とうとしている今日、日本国民の大多数は、当時の対米開戦を疑問視する。「なぜ、あれだけの強国に勝てると思ったんだろうね」と。そして暗に、「同じ失敗をするわけがない」と思い込んでいる。

しかし、いま中国と一戦を交えようという議論に比べれば、当時の対米開戦はそれほど無謀でもなかったのである。少なくとも海軍力においては同等の力を有していたからだ。アメリカはまだ核兵器もミサイルも開発していなかった。ミッドウェー海戦における大敗北までは、むしろ日本の海軍力のほうが上回っていたとさえいえる。だが、悲しいかな、米国が圧倒的な経済力を背景に、猛スピードで軍備を増強してくるという視点が欠けていた。

翻《ひるがえ》って、現在の日本と中国の国力の差を考えてみよう。まず、軍事力の格差は、対米開戦当時の日米格差どころではない。たしかに、海軍力については二〇一二年段階では中国に勝っているかもしれない。しかし、今日の戦争において最終的な脅威となるのは核兵器である。これを中国は保有しているが日本にはない。また、現実的に戦争の帰趨《きすう》を決するミサイルについても、中国は多数保有しているが日本にはほとんどない。どうしようもないほどの大差がついているのが現実なのである。

ところが、そういった事実を隠蔽《いんぺい》して、「日本は勝てる」とする一部軍事専門家は、対米開戦当時の戦力見誤りどころではない過ちを犯しているのだ。

次に、日米戦争において大いに見誤った経済格差を見てみよう。仮に中国が、どのような数字を想定してもよいが、八％程度の経済成長率を保ち、米国が二％程度の経済成長率で推移すると考えると、二〇二〇年には中国は米国を抜いて世界一の経済大国に躍り出ると予想される。異なる成長率を想定すれば若干年月の異なりは出るが、中国経済が米国経済を追い抜くのはさけられない事態である。このとき、GDP（国内総生産）の規模で、日中の格差は1対4にまで広がっていることだろう。軍備増強を保証する経済力の点でも太刀打ちできないほどの格差が生じてしまう恐れがあるのだ。

日本の軍事費はGDPの約一％、中国の軍事費は約八％といわれている。ということは、二〇二〇年になれば、日中間の軍事費格差は一対三二まで拡大している可能性がある。そのとき日本は海軍力でもまったく中国に太刀打ちできなくなっているだろう。

尖閣諸島沖漁船衝突事件が起こった直後、リー・クアンユー元シンガポール首相は、日本人に向けて、次のように忠告した。

「尖閣諸島は紛争になる。中国は海軍を送る。いまは日本の海軍の力のほうが強いが、十年後には中国は日本より強い海軍をもつ。そのことを考慮しなければならない」（二〇一〇年九月二十九日『ザ・ストレーツ・タイムズ』紙）

われわれは「いつか来た道」を再びたどらないためにも、願望に身を任せて事実から目を背けるのではなく、客観的な事実をしっかりと見つめて、慎重に対外戦略を構築していかなければならない。

本書は三年前に、『情報と外交』と題し単行本として刊行したものだが、日本の外交が岐路に立ついま、ひとりでも多くの国民に、日本の外交と情報の真実について知ってもらいたいと考え、装いも新たに新書として再刊する運びとなった。

読者の皆さんが混迷する時代を生き抜いていくために、少しでもお役に立てれば、これに超した喜びはない。

平成二十四年（二〇一二）十一月

孫崎　享

日本の「情報と外交」　目次

第二章　現場に行け、現場に聞け——NATOのベオグラード空爆（一九九九年）

第三章　情報のマフィアに入れ——オイルショック（一九七三年）

第六章　スパイより盗聴——ミッドウェー海戦(一九四二年)

第七章　「知るべき人へ」の情報から「共有」の情報へ
――米国同時多発テロ事件（二〇〇一年）

第八章　情報グループは政策グループと対立する宿命（かつ通常負ける）
――湾岸戦争（一九九一年）

第九章　学べ、学べ、歴史も学べ――日米貿易摩擦（一九九〇年代）

第十章　独自戦略の模索が情報組織構築のもと

第一章

今日の分析は今日のもの、明日は豹変する

——イラン・イラク戦争（一九八〇〜八八年）

ミサイル防衛のセミナー

一九八五年から八六年の一年間、私はハーバード大学国際問題研究所で研究員として「オホーツク海におけるソ連戦略潜水艦の意義」を書いた。

研究員にも授業の聴講は可能である。私は学生に交じり、ジョセフ・ナイ（『ソフト・パワー』の著者）、アーネスト・メイ（『歴史の教訓——戦後アメリカ外交分析』の著者）、サミュエル・ハンチントン（『文明の衝突』の著者）、グレアム・アリソン（『決定の本質』の著者）など、米国を代表する国際政治学者の講義を興奮しながら聴いた。

米国のトップの大学に位置するハーバード大学とＭＩＴ（マサチューセッツ工科大学）は、安全保障の分野で相互乗り入れを行なっていた。

ＭＩＴには工学を基礎とした安全保障の講座がある。一九八五年当時、安全保障上の関心を呼んでいたのは「スター・ウォーズ」である。レーガン大統領はミサイル防衛を「スター・ウォーズ」と呼び、世間に華々しく売り込んだ。「スター・ウォーズ」は、ソ連のミサイルを次々と空中で撃ち落とす、コンピュータ・ゲームの画面に出てきそうな未来戦争の像を描いていた。

この時期、MITは「スター・ウォーズ」と呼ばれるミサイル防衛のセミナーを開催した。ブレント・スコウクロフト（元国家安全保障問題担当大統領補佐官）が議長を務めた。スコウクロフトはもともと空軍の軍人である。しかし一九六八年、キッシンジャーがニクソン大統領の安全保障問題担当補佐官時、キッシンジャーの補佐を行なって以来、つねにホワイトハウス周辺で安全保障を扱ってきた重鎮である。米国の安全保障の具体的な政策に影響力を行使した点では、キッシンジャーに勝るだろう。「広報」のキッシンジャー、「政策」のスコウクロフトといってよい。

このスコウクロフトが主催したセミナーに、理論家から技術者、学者から軍人、ミサイル防衛のあらゆる分野の第一人者が駆けつけた。数日前にミサイル防衛の実験を行なったという軍責任者すら参加し、実験結果を報告した。

MITのセミナーは、超極秘に属する情報をベースに進められた。ソ連のミサイルを次々と空中で撃ち落とす構想は魅力がある。しかし、この構想はほんとうに技術的に可能なのか。ミサイル防衛がもつ政治的な魅力と対照的に、MITのセミナーでは、ミサイル防衛が技術的にほんとうに可能なのかに絞り、論議していた。

あれから二十数年が経過した。しかし、MITでミサイル防衛の基礎を学んだことが、いまもまだ生きている。今日、日本の防衛予算の中核にミサイル防衛がある。年間一〇〇〇億円近い巨額を支出している。このなか、二〇〇九年四月五日、北朝鮮がテポドン二号を発射したことで、日本はますますミサイル防衛に比重を移していく。

二十数年前、レーガン大統領はミサイル防衛を「スター・ウォーズ」と呼び、政治的に売り込んだ。しかし当時、技術的にはまだ実行不可能であった。そして、いま同じドラマが日本で展開されている。技術的に不可能なことが、さも実現可能のように政治的に売り込まれている。

ハンチントン教授宅のカクテル・パーティー

一九八五年当時、ハーバード大学やＭＩＴで活躍していた人々は、いずれも米国を代表する学者で、かつ米国政府に強い影響力をもっていた。

ボストンのビーコン・ヒルは、全米で最も格式の高い住宅地の一つである。ハンチントン教授（当時、国際問題研究所所長）はここに居を構え、自宅でしばしばカクテル・パーティーを開いた。ノーベル賞受賞者クラスの学者もパーティーに参加する。あちこちで議論の輪ができる。議論は何も自分の研究テーマに限定されない。知的フェンシングの場でもある。

何かの拍子にハンチントン教授は、「米国安全保障では引き金となる事件が起こり、ここから米国の安全保障は一気に変わる」と述べた。これに対して私が、「それなら安全保障を変えたいと思う人物が、引き金となる事件を起こすこともあるのではないか」と問うた。

世界史のなかで、一つの引き金が後々の状況を大きく変える事件がある。

一九一四年六月二十八日、オーストリア・ハンガリー帝国の皇位継承者フェルディナント大公がセルビア人の青年によって狙撃暗殺された。この事件が引き金となって、第一次大戦が勃発した。一九三七年七月七日、華北に駐屯していた日本軍に対する発砲が生じた。この盧溝橋《ろこうきょう》事件が、日中戦争の契機となる。米国でいえば、真珠湾攻撃と第二次大戦への参戦、トンキン湾事件とベトナム戦争への全面的介入、九・一一同時多発テロ事件とアフガニスタン戦争とイラク戦争など、引き金となる事件が数多くある。

問題は、この引き金事件がどのようにして起こったかである。一九八五年、私が「それなら安全保障を変えたいと思う人物が、引き金となる事件を起こすこともあるのではないか」とハンチントン教授に問うた質問は、その後、私の国際間関係を分析する重要な視点でありつづけた。それはハンチントン教授の答えが「君のいうのは正解だろうが、そんなこと、肯定できるわけがないではないか」という雰囲気をもっていたからでもある。それなら調べる価値がある。

情報収集で貴重な情報は、公的な意見交換だけで得られるわけではない。カクテル・パーティーや食事の席上でしばしば出てくる。公式意見交換はメモとして保存されるのを前提とする。機微な情報は、通常この場で出てこない。十分な証拠はない、しかしこの動きは注目する必要があるというのは、パーティーなどの場で出てくる。

ハンチントン教授にしても、「米国安全保障では引き金となる事件が起こり、ここから米国の安全保障は一気に変わる」と授業で大々的に取り上げるわけにいかない。こうした意見はすぐ陰謀論に飛び火する。学者はこれを嫌う。しかしサロンでは、集まる人間は身元が知れている。重要な話がぽろっと出る。

知的なサロンの存在は羨《うらや》ましいかぎりだった。こうしたさりげない場所で一流の人間と会い、彼らの考え方に接する。そして聞き手に、「一流の連中はこういう考えをするのか、よし、学ぼう、いつか彼らに近づきたい」との思いを抱かせる。私は、まずは彼らの本や論文を読みまくった。

この比較的優雅な研究期間の次に待っていた新しい任地は、イラン・イラク戦争の真《ま》っ只《ただ》中にあるイラクであった。

ミサイル攻撃の標的に

ＭＩＴでミサイル防衛を学んだ私の次の任地は、皮肉なことにミサイルの標的の地であった。バグダッドに居住する者は、有無をいわさず戦争の渦中に放り込まれた。月に一、二回、イランからミサイルが飛んできた。ミサイルは五〇〇キロから一トンの爆弾を積んでいる。

ミサイルは通常、夜明けに着弾した。静かな夜明けどき、大音響が市全体に響き渡る。地面からドーンという突き上げがある。音を聞いて、ぎくっとする。同時に、今回も標的にならなかったとほっともする。

大使館員がミサイル攻撃の犠牲になる可能性はけっして低くなかった。小学三年生の娘が学んでいた日本人学校のすぐ近くにも、ミサイルは着弾した。

大使館員はミサイル攻撃が来るのをじっと耐えているというだけではすまなかった。ミサイル攻撃があったときには、被害状況把握のために出動した。勤務時期は異なるが、民主党末松義規《すえまつよしのり》衆議院議員もこの任に就いていた。しばしば深さ五メートル、直径一五メートル程度の穴があく。半径二〇〇メートルくらいには、窓ガラスの破片が飛び散っている。窓ガラスが凶器になる。

当時イランがバグダッドに撃ち込んでいたミサイルは、北朝鮮からの輸入ないしその改良型の国産品だった。したがって、もし北朝鮮が日本に対してノドン・ミサイルを発射したら（ただし、核、生物・化学兵器の搭載がない場合）どれくらいの被害が出るかの勘はある。日本に爆弾搭載のミサイルが飛んできたら、天地がひっくり返る事態となる。

バグダッドでは、この事態が毎月一回は訪れていた。この地での勤務はまさに命がけである。しかし当時の外務省は、そのことを前提とした体制をとってはいなかった。私は抗議と事態の改善を要請する電報を東京に打った。そのなかで、大使館員の家族がミサイルの被害に遭うのは、ニューヨークで女性が強姦に遭うのと同じくらいの確率だとも指摘した。

このバグダッド生活で私の最も重要な仕事は、イラン・イラク戦争に終わりが来るのか否かの見極めだった。

一九七三年に始まった石油危機で石油価格は高騰《こうとう》し、産油国は潤《うるお》い、プロジェクトが次々にでき、日本企業が勢い込んで進出した。この当時かなりの数の日本企業にとって、儲け頭は米国でなく、イラン・イラクだった。商社によっては、バグダッド支店が受注額で全世界トップになる状況すら出た。商社は優秀な人材をこの地に配置し、代表的な商社のイラン駐在員がのちに社長になったのも偶然ではない。イラン・イラクはそれくらい日本にとって重要な市場だった。

しかし一九八〇年、イラン・イラク戦争が勃発し、こうした経済活動は止まる。さらに日本企業への支払いも止まる。オセロ・ゲームのように、巨額の利益が一転、巨額の負債になった。

イラン・イラク政府が戦争の資金源を求めて、いままで目こぼしをしていた法律・約束違反に対し、数十億円単位の違約金を求めるケースも出てきた。私も日本の建設会社に要求された違約金の軽減を求めて、何度かイラク政府の局長のもとに通った。もっとも、日本の企業はこうしたマイナス面は極力隠す。社長など社内のほんの一握りしか、その事実を知らない。たぶん、この会社のどこにも、違約金の軽減で何十億円の規模で大使館の世話になったと書いた書類は存在しないであろう。こうした状況のもとで、日本企業はイラン・イラクに留まるのか去るのか、の選択が迫られていた。

誰も戦争終結を望まない

戦争はいつ終わるのか。月一回開催の西側大使館次席会議は、これを主題として議論を重ねてきた。米国、英国、ドイツ、フランス、イタリア、日本の次席が、持ち回りで自宅で昼食を準備して会合し、私もこの仲間の一員だった。

一九八六年当時、こうした場で議論しても、戦争終結の見通しはまったくなかった。見渡すと、真剣に戦争を終結させようとする有力な勢力は存在していない。戦争当事国のイラン・イラクですら、指導者がほんとうに戦争の終焉《しゅうえん》を望んでいるか疑わしかった。

一見矛盾しているようであるが、独裁政権は国際的危機に直面すればするほど、国内的に強くなる。戦争という非常事態にあって政権に反対するのは非国民だとして、政治的反対派を強権で弾圧していく。経済が厳しくなると、食料の配給ですら、指導者に忠実な人間は食べ物がもらえる。他方、批判勢力は餓《う》えるということで、指導者の勢力を拡大するのに使える。

歴史的に見れば、ドイツのナチ、日本の軍部がこれに該当する。今日では、北朝鮮の金正日体制がこれに当てはまる。イランの核問題でもそうである。国際的緊張が起こったときに、当事国がこの緊張を軽減する方向に動くとはけっして思ってはならない。緊張状態で自分が殺されるという事態にまで発展しないのなら、指導者にとって緊張は望ましい。

今日のイランでいえば、イラン指導者にとって避けたいのは、イスラム統治体制が崩れることである。二〇〇九年六月、大統領選挙で保守派アフマディーネジャード大統領が再選されたのは、明らかに米国・イラン関係の緊張がプラスした。

私はのちに駐イラン大使として赴任したとき、次のようにいって、イラン側の説得にかかった。

「パレスチナ問題でイスラエルを非難するのを控えたらどうか。こんなことをしていると、米国の軍事攻撃を受ける。イランのためにならない」

返答は予想に反した。

「大使、貴方はイランを理解していない。イラン・イラク戦争のときには何十万という犠牲者が出た。国境周辺の町は何万発という砲撃を受けている。それでも怯《ひる》まなかった。米国が空爆して何発ミサイルを撃ってきますか。何人死にますか」

もし、米国を含めて西側との協調が可能なら、イラン国民は躊躇《ちゅうちょ》なくこれを選択する。しかし、この路線を選択したらイランはどうなるか。国民は西側の理念に走って、イスラム統治体制の崩壊につながる。したがって現在の指導者層は、自分たちが抹殺されないかぎり、緊張関係、さらには適度な米国の軍事攻撃ですら歓迎する。

地域の緊張を望むのはイランに限らない。一九九八年、私は中国を訪問し、「米国は米中関係をどうしようとしていると判断していますか」と問うた。中国で情報機関と関係のある研究所の高官は、「米国はmanageable tension（管理できる緊張）を維持していこうとしています」と答えた。

至言である。緊張をもつことが何かと好都合だ。しかし、この緊張が暴発したら大変である。十分管理できる程度に収めておく。国際社会では、すべての人が平和と安定を目指しているわけではない。ほどよい緊張が望ましいと思う人も多い。

このことは、指導者層が国内的基盤を固めるため、意図的に緊張状態を求める可能性を示している。それは日本でもけっして無縁な現象ではない。

イラン・イラク戦争中、イラン・イラク両国ともまさにこの状況だった。イラン・イラクの指導者は、戦争で自己の国内勢力を強化していった。イラン・イラク両国とも、イラン・イラク戦争の開戦前は強力な反対勢力が存在していた。しかし、戦時中に指導者に反対することは非国民だとして、反対派を粛清《しゆくせい》した。

イラクのサダム・フセインが常用した手法には、次のものがある。

政治活動家にAと、Aと近い関係にあるBが存在したとしよう。サダム・フセインはAに、Bに対して「一緒に謀反《むほん》しよう」といわせる。もちろん、これがサダム・フセインの命令であるとは絶対にいわせない。これを聞いたBが、「Aは謀反の意思をもっている」と秘密警察に密告しなかったら、Bは謀反の可能性をもっている人間として、ただちに殺す。こうしてつねに組織的な謀反を起こす可能性を排除していた。

イラン・イラク戦争のなか、サダム・フセインの地位は強固になった。イランのイスラム革命勢力も強固になった。さらに湾岸諸国は、戦争が終わればイラン・イラクの力が自分たちのほうに向くかもしれない、できれば戦争を継続してほしい、と思っている。武器の生産国には、武器輸出の市場が生まれる。石油消費国は、イラン・イラクが政治的に安定し、OPEC（石油輸出国機構）が強力になって石油価格を高騰させるのを懸念した。被害者は、莫大な犠牲者を出すイラン・イラク国民である。しかし彼らは権力の前に無力で、戦争を止める力がない。どこを見ても、戦争を終結しようとする強力な力はなかった。

こうして一九八六年当初、戦争終結の可能性はまったくなかった。

バスラ日本人会からの要請

当時のイラン・イラク戦争の流れは、次のようなものである。

一九七九年、イランにイスラム革命が起こった。革命への熱狂が高まり、イランの兵士、少年などは革命の熱狂で戦場に向かい、大量に国境を越えイラクへ攻め入ろうとしていた。

ただ、イランは大きな弱点を抱えていた。シャー（国王）時代、イランは武器を米国から輸入し、中東一の軍事大国になったが、イスラム革命時に生じたアメリカ大使館人質事件で、米国はイランに対する武器・弾薬の供給を止めた。したがって、イラン兵は大挙して国境に押し寄せるが、十分な兵器がない。これに対してイラクは、ソ連、フランスなどから戦車などの武器を購入していた。ここで押し寄せるイラン兵をイラクが戦車などの武器で守る、こうした均衡状態が続いていた。

しかし、事態は米国の動きで急変した。米国はイランに対し、秘密裏に対戦車ミサイルなどの武器を売却した。ここで出た収益を、左傾化が進むニカラグアで反サンディニスタ活動を行なう反共ゲリラ「コントラ」に与えた。一連の動きは「イラン・コントラ事件」と呼ばれる。この動きが一九八六年十一月に発覚した。

イラン・コントラ事件で、これまで続いていた膠着《こうちゃく》状態が一気にイラン有利に傾いた。イランはイスラエル経由で対戦車ミサイルを手にした。これで、守りについていたイラクの戦車が次々に破壊された。

この状況がまず、最大の戦場バスラ市周辺で起こった。勢いを得たイランは、バスラ市郊外にも砲撃を開始した。いまにもバスラ市が陥落しそうな雰囲気になった。イラクは平坦な地形である。バスラ市が陥落すると、イラン軍は一気にバグダッドまで攻め上れる。

この状況は日本人社会に影響を与えた。バスラ市近郊には石油関連など、日本の企業が進出していた。いつ砲撃を受けるか分からない。逃げ出したい。ところが、日本の企業はイラク政府とプロジェクト契約を結んでいて、そのなかに、逃げれば違約金が課せられる条項が含まれていた。

逃げるに逃げられない。しかし、もし大使館が「状況は緊迫している。邦人はバスラ近辺から去るべきだ」という判断を日本人会に示せば、責任は大使館になる。企業は莫大な違約金から逃《のが》れられるかもしれない。

そこで、バスラ市を基盤とする日本人会から大使館に対して、「しかるべき人間を派遣してほしい。そして、戦争の被害の出ているバスラ市の状況を実際に見て、危険がどれくらいのものか、日本人社会としてどう対処すべきか、適当な勧告を出してくれ」という要請が来た。

戦況を判断するわけだから、当然バスラ市に入り、被害状況を見なければならない。しかし、バスラ市は砲撃の真っ最中である。視察中に被弾する可能性もある。こんななか、大使が行くわけにもいかない。大使が被弾すれば影響があまりにも大きい。本来なら戦況を視察すべき防衛駐在官も、動く気配はまったくない。では誰が行くかとなると、大使館次席となる。ということで、私が出向いた。

バスラ市に向かうと、激しい砲撃の音が聞こえてくる。この市に入るのかと思うと暗澹《あんたん》たる気持ちがする。現地に着くと、「心配ないです。昼休みの時間帯はお祈りの時間です。イラン兵は砲撃してこない」という。イラン兵士が敬虔《けいけん》であることに運を託して、バスラ市内に入った。

バスラ市内は、砲弾でとても住民の住める状況ではなかった。さらに郊外には戦車、装甲車の残骸がごろごろしていた。数百台という規模である。米国がイランに提供した対戦車ミサイルで、戦況が一気に変化した。攻防の武器に技術の差が出れば、情勢は変わる。それを見事に示していた。武器は質である、量ではないと痛感した。

ここで悲惨な状況を見た。当時日本人の多くは、バスラ市から数キロ離れた郊外でのプロジェクトに従事し、まだ砲弾は届いていない。もしバスラ市が陥落すれば、一気に身に危険が生ずるという状況である。しかし、なんとイラン・イラク国境河川となっているシャッタル・アラブ川に沿った工場に、日本人が一人いる。対岸にはイラン兵がいる。砲撃の射程距離内である。

ここに出かけると、工場はあちらこちら被弾している。この日本人技師に「大丈夫ですか」と聞くと、「大丈夫でしょう」という。「どうしてですか」と聞くと、「もう十分被弾して、工場は稼働しない。イランも無駄な弾を撃つほど馬鹿でないので、砲撃してこないでしょう」という。

彼は機能しない工場に、ただ日本人技師を派遣するという契約に違反しないために、そのためだけに、砲弾がすぐ届く場所に留まっている。家族は知っているのだろうか。会社の幹部は、どこまでこの状況を知っているのだろうか。それでも彼を置いていたのだろうか。無性に腹立たしくなった。いずれにせよ、イランがイラクを破るかもしれない状況が出た。これが第二段階である。

「イラクはどこまで攻め入るか」

イラン・イラク戦争でイスラム革命側のイランが勝利すると、この地域の地政学は一変する。この状況は米国に好ましくない。ここから、米国はサダム・フセインに対して大々的な支援を行なう。軍事衛星から得た写真等をイラクに提供した。米国はイラクに対する化学兵器の輸出を許可したといわれた。他方、米国はイランへの武器供給をストップする。イラクへの武器提供が活発化した。こうして再び、イランの人海戦術、これをイラクの高度兵器が守る、という均衡ができた。これが第三段階である。

たしか、一九八八年初頭だと思う。岡崎久彦駐サウジアラビア大使（当時）から、「自分は近くサウジを離任する。自分のいるあいだにサウジに来て、イラク情勢をサウジと協議しないか」という誘いが来た。岡崎大使が初代国際情報局長になったときの分析課長が筆者であった。

サウジ側と会った。冒頭サウジ側は、

「イラクはイランのどこまで攻め入るか」

と問うてきた。私は慌てて、「それはないでしょう」と次のように述べた。

「これから述べることは私だけの見解ではない。われわれはバグダッドで西側大使館次席会議をもっているが、この参加者の共通の認識である。イラン・コントラ事件後、イラクは必死に武器弾薬を購入し、米国は再度イランへの輸出を止めた。したがって現在、武器弾薬の貯蔵比率では、イラン一に対してイラクは六、さらには一対一二との説もある。しかし、イラクは去年、イランの攻勢を必死にしのいだばかりである。このイラクが再度攻め入ることは考えにくい」

サウジ側は黙ってこの説明を聞いていた。しかし、私は間違っていた。

一九八八年、イラクは激しい攻勢をかけた。戦場で化学兵器を使用した。一気にイラン南部を占拠した。この地は石油産出地という貴重な地域である。戦争が長引けば、イラクがこの地を実効支配する可能性がある。併《あわ》せてイラクは、テヘラン市にミサイル攻撃をかけた。一九八八年七月二十日、イランのホメイニ師は「毒を飲むよりつらい」と表現し、停戦の受諾を行なった。

二〇〇三年、ブッシュ（息子）大統領はイラク攻撃を行なった理由に、サダム・フセインの化学兵器の利用を指摘したが、イラクが化学兵器を大量に使用したのはイラン・イラク戦争のときである。米国はその利用を十分に知っていた。そして黙認していた。一九八八年三月十六日、イラクはクルド人の町ハラブチャで化学兵器を使用し、市民に大量の死傷者が出た。この直後、米国大使館員はハラブチャに行き、検査用にハラブチャの土壌を持ち帰っている。しかし、このときも米国の抗議はない。

話をサウジ要人との会談に戻すと、筆者が会ったサウジの要人は、すでにこの流れを視野に入れていたにちがいない。

イラン・イラク戦争の教訓

一九八六年の夏から八八年の夏までの、このイラン・イラク戦争の動きは何を教えているか。

第一に、まさに「今日の分析は今日のもの、明日は豹変する」である。流れは頻繁《ひんぱん》に変化し、かつ戦況は一八〇度の変化を見せた。

筆者が一九八六年夏にイラクに赴任して以来、イラン・イラク戦争は次の動きを示した。これらの変化をもたらすのに重要な役割を果たす米国の姿勢も付記した。

第一段階：膠着状況　米国は中立
第二段階：イランの攻勢　米国がイランに対戦車ミサイルなどを供与
第三段階：再度、膠着状況　米国が対イラン武器供与中止、イラク支援開始
第四段階：イラクの攻撃　米国がイラク支援明確化、軍事情報提供、武器等の輸出円滑化
第五段階：イランの停戦受諾

第二に、こうした動きの最大の要因は、米国の変化である。第二次大戦以降、国際社会では軍事的に米国が圧倒的な優位に立った。ソ連は米国の比ではない。この時期、米国がどう動くかで国際情勢の枠組みがつくられた。したがって、いかなる地域情勢であれ、最大の考慮要因は、この地域で米国がどう動くかである。

第三に、多くの人は米国の動きの把握はそう難しいことでないと見ているが、じつはこれは至難の業《わざ》である。米国の対外政策決定には、さまざまな利益集団と、さまざまな理念がぶつかっている。ある時点で特定の利益集団と理念が勝利しても、それで決着がつかない。また新たな戦いが、米国国内で始まっている。イラン・イラク戦争時を例にして考えてみよう。

そもそも米国は、一九八六年になぜ急にイランに武器供与を行なったか。それはイラン・イラク戦争とまったく関係のない要因で起こっている。それまで米国は、米国大使館人質事件の影響でイランとの外交関係を断ち、武器供給をいっさい止めていた。

この時期、アメリカ軍の兵士ら米国人が、レバノンでイスラム教シーア派系過激派である「ヒズボラ」に拘束され、人質となっていた。米国はこの釈放を強く望んでいた。

人質問題は米国国内政治上、重要な役割を演ずる。一九八〇年の大統領選挙で現職のカーター大統領が敗れた理由が、テヘランでの米国大使館の人質を釈放できなかったことである。次の大統領選挙は一九八八年、すぐ近くに迫っていた。早くこの問題を解決しておく必要がある。米国はあらゆる手段を試み、この時期、日本政府の特使は米国の依頼でラフサンジャニ国会議長に仲介の要請も行なっている（注：筆者は駐イラン大使のときに、ラフサンジャニ氏と国際情勢全般について雑談をしたことがあったが、このときラフサンジャニ氏は、「日本政府は、人質の解放をすれば米国政府はイラン政府の希望を叶えるといっている、と自分に伝えてきた。自分は非常に苦労して解放に努力した。しかし解放後、この約束はまったく無視された」と述べたことがある。調べてみると、日本は仲介に動いたが途中で米国に、これからは米国が処理するといわれている）。

米国政府は人質を解放するため、ヒズボラに影響力のあるイランと接触し、武器を輸出することを約束した。この取引で得た利益を、通常ルートでは支給できなかったニカラグアの反共ゲリラ・グループに与えた。イラン・イラク戦争だけを分析している者には、この動きはまったく見えない。この工作は米国大統領の承認を得て、マクファーレン国家安全保障問題担当大統領補佐官が極秘裏に動いている。

教訓の第四は、豹変はしばしば、対象自体の要因ではなく、他の事件が影響して生ずる。

イラン・イラク戦争でいえば、レバノンでの米国人人質事件とニカラグア情勢が影響した。このことは、特定の事象の分析では、その他の要因にも十分目配りする必要を示している。

こうした教訓は、イラン・イラク戦争ばかりではない。イラン・イラク戦争の終末では短期間にいくつもの劇的な変化を見せたが、多くの事象は長い時間のなかで、しかし確実に変化する。情勢判断を行なう者にとって、「今日の分析は今日のもの、明日は豹変する」はつねに念頭におくべき教訓である。

オバマはいかにして大統領を勝ち取ったか

二〇〇八年、私はいくつかの場所で「米国大統領選挙の予測」の標題のもと、講演を行なっていた。三月六日に自民党国際局、六月二十四日には日本工業倶楽部で講演した。

このとき、(1)ブッシュ政策への批判がきわめて強いこと（イラク政策反対七〇%、経済政策反対七五%）から、ブッシュ政策を批判するオバマが有利であること、(2)オバマの選挙資金がマケインに対し優位であることなどを理由に、「オバマ有利」と説明した。

私が最も信頼したのは、英国の賭け屋（ブックメーカー）であるベットフェア（Betfair）社の掛け率である。ベットフェア社は競馬、サッカーなどを対象に、賭けを仕切っている。

同時に、米国大統領選挙などの政治問題の賭けも扱う。お金が動くのであるから、こんな真剣勝負の予測はない。

ここで五三ページの二つの表を見ていただきたい。一つはオバマとヒラリー・クリントンの争いについてである。いま一つはオバマとマケインについての予測である。

表1はオバマ、ヒラリーに賭けたら、いくらお金が戻ってくるかの率を示しているが、(1)掛け率が逆転するのは二月五日以後であること、(2)掛け率は日々変動していること、が注目される。

表2は、同じくベットフェア社が十一月五日に発表した「オバマはいかにして大統領を勝ち取ったか（How Barack Obama Won The U. S. Presidency）」からの表である。

この表ではいくつかの分岐点を示している。

Ⓐ 一月三日、オハイオ州における予備選挙。
Ⓑ 一月八日、ヒラリーがニューハンプシャー州の予備選挙でオバマに勝利したとき。
Ⓒ 二月五日、スーパーチューズデーで、マケインが共和党候補の座を確実にしたとき。
Ⓓ 五月二日、オバマが民主党候補の座をほぼ確実にしたとき。

表 1　Democratic Candidate

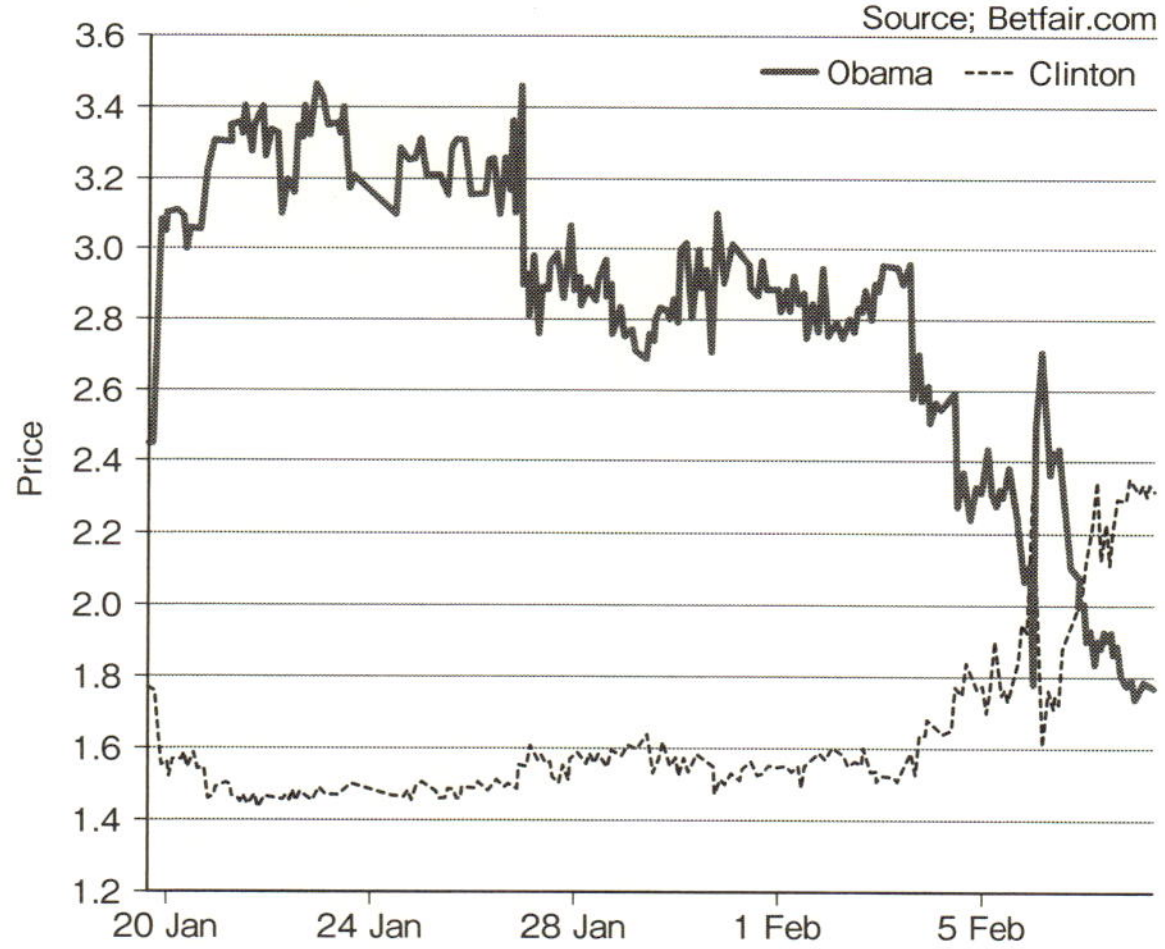

表 2　How Barack Obama Won The U. S. Presidency

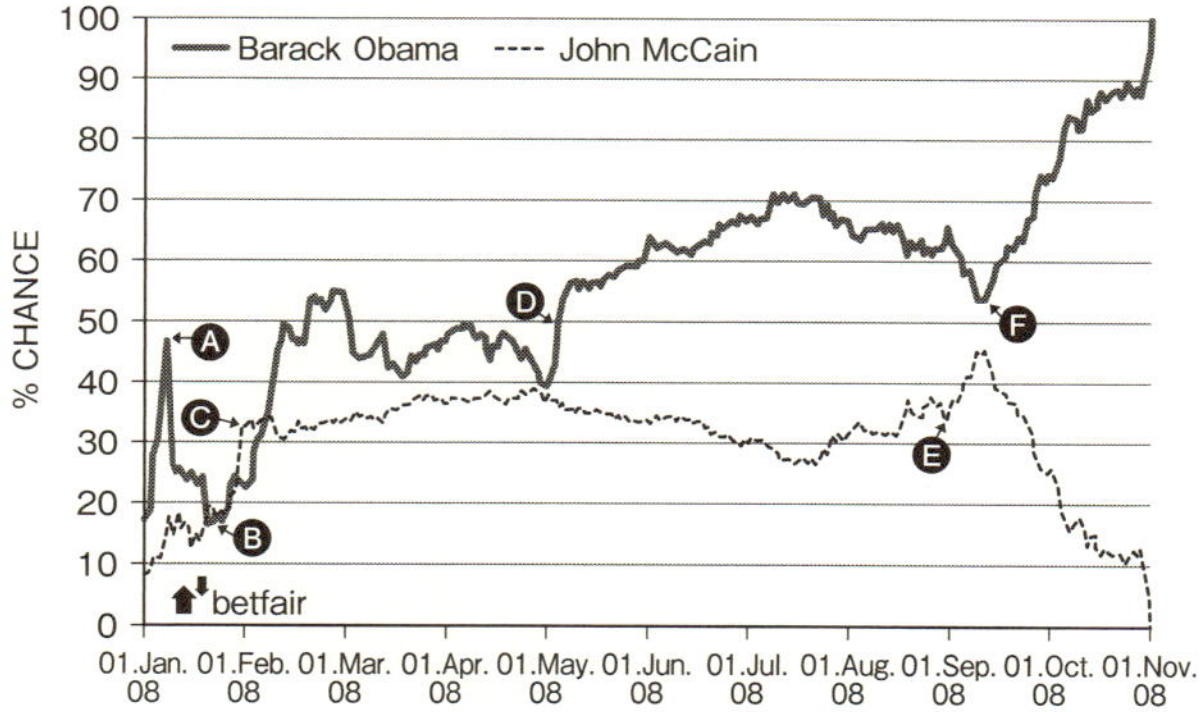

Ⓔ 九月四日、ペイリン共和党副大統領候補の人気が上昇したとき。
Ⓕ 九月十五日、ペイリン効果は持続せず、リーマンブラザーズが破産。

いくつかの分岐点の時期、別の方向へ行く可能性は十分に存在していた。米国大統領選挙の予測をする人のなかに、「自分は初めからオバマと予測した」とか、「マケインが必ず勝つ」と予測していた人がいたが、こうした予測は正確ではない。オバマが勝利する確率はさまざまな要因で刻々変化していた。

たとえばヒラリーがニューハンプシャー州の予備選挙でオバマに勝利し、流れがヒラリー優勢になりそうになった。オバマの最大の弱点は経験不足で、ヒラリー陣営はこの点を執拗《しつよう》に攻めた。このときにケネディ上院議員は、

「オバマ氏は大統領就任のその日から立派に大統領職をこなせる」

と発言し、ヒラリーへの流れを止めた。このケネディ上院議員の支持表明がなかったら、ヒラリーはオバマの経験不足を攻め、ヒラリーが勝利したかもしれない。

このように、オバマが勝つ可能性は一〇〇%ではなかった。状況の変化で、いつ変わるかもしれなかった。もし共和党が副大統領候補に、ペイリンの代わりに聡明な女性を選んでい

たら、大統領選挙はもっと縺《もつ》れていた。オバマが勝つ確率は一〇%、三〇%、七〇%、九〇%と変化した。

分析する者は、いろいろな材料を使い、今日の時点での分析をする。この材料は今日の時点で有効である。しかし、明日になれば別の要因が現れる。かつ、その重要度は変わる。

今日の分析が完璧であることには自信をもってよい。その努力はすべきである。しかし同時に、「今日の分析は今日のもの、明日は豹変する」、この謙虚さをもつ必要がある。

これが三十年以上、情報分野に従事した者の教訓第一である。

第二章

現場に行け、現場に聞け——NATOのベオグラード空爆（一九九九年）

英国外交官Aの蹉跌《さてつ》

私が情報分野で仕事をする契機は、一九六六年九月、ロシア語を学ぶため英国陸軍学校に入ったことである。

外務省は通常、入省後、外国の大学に二年間研修に出す。この制度には歴史的背景がある。

一九一九年、第一次大戦後のパリ講和会議で日本は戦勝国側にいたにもかかわらず、ほとんど何の外交的成果もあげられなかった。会議ではクレマンソー（フランス首相）が日本代表による日本語訛《なま》りの演説に、まわりに聞こえるような声で、「あのちびは何をいっているのか」といったとも伝えられる（マイケル・ブレーカー『根まわし　かきまわし　あとまわし』サイマル出版会、一九七六年）。

これを教訓に、外務省は上級職合格者を全員、外国に留学させることにした。私の入省時、同期は英語（米国）七、英語（英国）四、フランス語六、ドイツ語二、中国語二、ロシア語二、スペイン語一に配置された。当時は冷戦のピーク、ソ連の大学が日本人外交官を受け入れる雰囲気ではない。そのため、一年目のロシア語研修を英国陸軍学校で行なった。

英国陸軍学校はロシア語、アラビア語などの語学教育と、軍内の教育者を養成する教育機関である。ロンドンとオックスフォードの中間に位置している。ここで一年間、英国軍人に交じりロシア語を学んだ。

生徒約一五名に、先生が約二〇名。一対一の会話を重視した。軍人がロシア語を学ぶ目的は明白である。軍の情報部員である。たぶん、ベルリンなど各地に散らばっただろう。彼らとはその後会っていない。

ただ、このとき異色の三名がいた。のちに英国外務省で駐米大使・外務次官を歴任したジョン・カー。それにA（仮称）とプリンス・マイクル・オブ・ケントである。

プリンス・マイクル・オブ・ケントは、エリザベス（二世）女王の従兄弟《いとこ》である。現在も、ダイアナ元皇太子妃が住んでいたことで有名なケンジントン宮殿に住んでいる。ウィンブルドン庭球大会の優勝カップを渡すケント公が兄である。プリンス・マイクルはのちに、軍情報部に勤務する。

彼はロシア最後の皇帝ニコライ二世と容貌が似ている。たんなる偶然ではない。ニコライ二世とは血縁的つながりがある。フレデリック・フォーサイスのスパイ小説『イコン』のなかで、もし現時点でロシアの皇帝が復活するなら、血縁などの観点からプリンス・マイクルが最適格者であると描かれている。

プリンス・マイクルは、この特殊な状況を生かし、今日でもしばしばロシアを訪問している。二〇〇六年九月、ニコライ二世の母マリア・フョードロブナ皇后がサンクト・ペテルブルグに再埋葬された儀式があったが、このときには英国代表として列席した。英国政府は外交面ではソ連、ロシアに対してきわめて戦闘的である。しかし同時に、プリンス・マイクルのようなパイプはしっかり維持している。

私にとって最も印象的な出会いが、Aである。Aはジョン・カーと同じく、外務省員として紹介された。彼は一年間のロシア語研修ののち、駐ソ連英国大使館勤務となる。荷物を船便でスウェーデンまで送り、次いでフィンランド経由、陸送でモスクワ着の予定だった。赴任準備がすっかり終わり、荷物がスウェーデンに到着したときに、駐ソ連英国大使館から英国外務省に一通の電報が入った。

「近く、Aがソ連に赴任する予定になっている。Aの履歴を調べたが、Aのロシア語習得状況が悪い。この語学力をもってしては、ソ連勤務で任務を果たせない。赴任命令を取り消されたい」

能力不足を指摘され、ソ連勤務を取り消されたAの運命は悲惨である。左遷と呼べる部署に行く。不思議なもので、左遷の場所には通常、それ相応の人物がいる。人的関係がまずくなる。こうして左遷はさらに左遷を呼ぶ。

私は一九七六年、二回目の英国勤務のときにAと再度交流した。彼の肩書は外務省の平事務官である。他方、ジョン・カーは英国外務次官秘書、その後、大蔵次官秘書に抜擢《ばってき》されるという、英国官僚社会でも異例の出世街道を驀進《ばくしん》していた。

ペンコフスキー事件

Aとの三度目の出会いは、一九八五年である。私は分析課長として英国MI6（注：現在の正式名称はSIS：Secret Intelligence Service、秘密情報部である。防諜を任務とするMI5に対して、対外情報を行なう部局）を訪問した。そのとき、英国側から「君にどうしても会いたいという人間がいる」と伝えられ、朝食会をもった。そのとき現れたのがAである。

Aはいま、英国情報機関MI6の人事副部長だという。MI6の人事副部長といえば、ジェームズ・ボンドなど、スパイを動かす地位の人間である。外部の人間でも、重要なポストであると想像がつく。私は驚いて、「君は左遷されたではないか。ずっと燻《くすぶ》っていたではないか」というと、そのとおりという。でも事態は変わったという。彼の説明は次のとおりだった。

「君も知ってのとおり、駐ソ連英国大使が私のソ連勤務を止めた。理由は私のロシア語能力の不足だった。でも、ほんとうの理由は違っていた。その英国大使は、じつは大使館のロシア人女性秘書と男女関係にあった」

「英国情報機関は、ペンコフスキー事件で大変な成果をあげたが、その後、英国情報機関は、もし再度情報部員をモスクワに送ったら、大使館員の肩書をもっていても報復で殺される恐れがあり、派遣を中止した。時間も相当経過したので、MI6員の派遣を再開することになり、私が選ばれた。しかし、大使は私が行けば、ロシア人秘書との男女関係がばれることを恐れた。それでロシア語の習得度合いが悪いという口実で私の赴任を取り止めさせた」

「情報関係の人間から新たなロシア語要員を送るには、訓練に数年は必要だ。大使の任期中はMI6からの派遣はなく、発覚することはない。ところが、退官後この大使はロシア人秘書との男女関係を認めた。彼が私の赴任を止めたのは、ロシア語の問題ではなく、逆に私の諜報員としての能力を怖がったということがわかり、私は十数年たって名誉を回復した」

　冷戦当時、ソ連のスパイが英国に亡命する事件が続いた。ソ連情報機関KGBの英国代表駐在員のトップであった人間が、英国に寝返っていたことが発覚したこともあった。こうした筋から英国大使の男女関係が発覚したのであろう。

第二次大戦以降のスパイ史のなかで、西側が最も成果をあげた一つが「ペンコフスキー事件」である。ペンコフスキーはソ連のGRU（連邦軍参謀本部情報総局）所属の大佐であった。ペンコフスキーは一九六〇年代から、英国にソ連の軍事情報を提供していた。彼の情報のうち最も重要な役割を果たしたのが、一九六二年のキューバ危機関連である。

ソ連は秘密裏にキューバにミサイルを配置し、発覚したときには配置が完了し、米国として打つ手が難しいという状況をつくろうとしていた。このとき、ペンコフスキーがソ連のミサイルをキューバに配備する計画の詳細を英国側に情報提供した。これをもとに、ケネディ米大統領がフルシチョフ書記長に強硬に配備計画の撤回を求めた。ペンコフスキー事件は、冷戦時の特筆すべきスパイ事件である。

このペンコフスキーの情報をモスクワで受け取っていたのが、MI6のチショウム夫妻だった。Aは、チショウムの後任である。若手エース級の投入である。これを当時の駐ソ連英国大使は止めた。それは国益とまったく無関係である。自分の男女関係の発覚を恐れてであった。

自分の保身、出世を意図して他を貶《おとし》める人物が枢要な地位に就くというのは、何も英国特有の現象ではない。しかし、失敗の復元をする力をもっていたことは、ＭＩ６の組織としての強さを示す。Ａは十数年ぶりに名誉回復をし、その後順調に昇進、ＭＩ６副長官になった。

モスクワ大学で本は読まなかった

英国陸軍学校を終え、一年間ロンドン大学で学んだのち、私は一九六八年九月モスクワ大学経済学部で学ぶこととなった。この時期、社会主義を維持しつつも市場機能の導入をする経済改革や、言論・芸術活動の自由化を唱える「プラハの春」が進行中だった。社会主義の画期的改革である。

社会主義国で市場機能を導入する考えは、チェコでは経済学者オタ・シクが主張していた。しかし、学問的にはソ連が先行し、カントロヴィチ教授などが一九六〇年代初頭から論陣を張っていた。彼らの主張を平易にすると、次のようなものである。

「どこまで中央計画経済が有効に機能するか。たとえば魚釣りの針を考えてみよう。どの魚用に針をいくつ作るか。これを中央の役人が適切に判断できるか。ネクタイだって同じだ。どの色の、どの柄のネクタイをどれくらい作るべきかを中央の人間が解るはずがない。需要のない品を作れば在庫が増えるだけである。いまやたんに鉄鋼何トン、石炭何トンのように数量をこなせばよい時代ではない。多様化する製品をどれくらい作るかは市場に聞くしかない」

私はモスクワ大学経済学部経営研究所で、社会主義の市場化を学ぼうと思った。ここに一九六八年、チェコ事件が発生した。この動きで社会主義が市場を取り入れられるか否かの研究はソ連国内でストップした。

モスクワ大学ではチェコ事件以降、社会主義下で市場経済を研究する本は、図書館から姿を消した。私はモスクワ大学経済学部経営研究所に入ったはいいが、意図したテーマの研究は不可能になった。本がない。ここから私のモスクワ大学での過ごし方の方針は変わった。

「勉強はしない。徹底してロシア人学生と付き合おう」

当時、在モスクワの日本大使館員がソ連の一般社会に入っていくのは、ほぼ不可能だった。入ろうとすれば、秘密警察ＫＧＢが待ち構えている。幸い、私はモスクワ大学の学生である。学生が学生のなかに入るのは自然である。本はいつでも読める。しかし、ソ連の一般社会に入れるのは、ソ連という体制が続くかぎり、大学生活がほぼ唯一に思えた。

私のモスクワ大学の生活は、「現場に行け、現場に聞け」の出発点でもある。

当時、日本でも世界でも「ソ連をどう評価するか」は大きく割れていた。一九六〇年代、東京大学を含め日本の大学の経済学部は、大半がマルクス経済学者であった。当時、ベトナム戦争の最中である。対米批判は強い。そのなか、社会主義国家の旗手・ソ連を高く評価する流れがある。他方、ロンドン大学などでは、ソ連を全体主義国として厳しく批判する学者が多かった。

「ソ連の実態はどうなのか」は外務省にとっても大きな問題であったが、誰かの見解を学べば解るという問題ではない。ほとんどの人にとって、ソ連社会は入ることができない。こうして私のモスクワ生活は、「現場に行け、現場に聞け」でスタートした。

一九六〇年代末、国際的にソ連は大混乱のなかにあった。ソ連圏のチェコが離脱の動きを見せた。同じ社会主義国家の中国とは、国境問題を契機に武力衝突に至った。国内はというと、経済は混乱のなかにある。大学に入り学生と生活を始めると、誰も社会主義を信じていなかった。社会主義は国家建設のための最も理想的な理念を提供する任務を捨てた。社会主義はたんに統治のための道具となった。個人レベルでいえば、体制のなかで生き延びるために唱えなければならない道具であった。

地方からモスクワに来たモスクワ大学生は、未来は自分の描いていた理想とははるか遠いことを知っていた。モスクワで就職するには住居がいる。住居を得るには職を保持していることが前提になる。堂々巡りで、彼らがモスクワで就職する可能性はなかった。女子学生のなかには、職を得るため、誰でもいい、とにかくモスクワ市民と結婚しようとする風潮も出た。学生は、社会での就職、住居など、すべてがコネで決まり、学業成績はまったく無関係であることを知っていた。自分の職を使って利益に走る者も多かった。教授による女子学生へのセクハラのジョークが満ちていた。

彼らは未来のために生きることをまったく放棄していた。未来を失い、どう生きるのか。男も女も自由になる性に向かったが、それとて虚《むな》しい。最後は酒だった。私もこのころ、学生と一緒に九〇度のアルコールを飲んだ。喉《のど》が燃えるようになる。皮膚がただれるようである。退廃の極みである。ただ、正直いうと、どんな美味しい酒より、このただれる感覚が一番良かったと思う。

モスクワ大学を出るとき、「モスクワ大学留学記」を大使館に報告した。私の最初の報告書である。学者の見解はいっさい引用しなかった。大学のなかで学生がどう生きているかのみ記した。私の「現場に行け、現場に聞け」の最初の作品である。

これは外務省のなかで広く読まれた。この当時の私の報告に対して、曾野《その》明《あきら》駐パキスタン大使が激励の手紙を上司に送ってきた。私が情報分野で働く環境が次第にできてきた。

命がけだった情報収集

一九六〇年代末、そしてモスクワに二度目に勤務する一九七〇年代末は、いずれも冷戦の最中である。

たぶん、一九七〇年であったと思う。大使館に盗聴器が仕掛けられていないか、日本から専門家が派遣されてきた。大使館は専門家の身の危険を心配して、ホテルではなく公使公邸に宿泊させた。公使公邸には十年以上勤務してきたロシア人女中がいた。勤勉に働き、歴代の公使から高い信頼を得ていた。この彼女が、盗聴器を発見した専門家のお茶に毒を盛り、突然公使公邸から去った。

一九六八年のチェコ事件後、ソ連と一線を画し中国と接近していたルーマニアに、ソ連軍が侵攻するのではないかといわれた。時の防衛駐在官・飯山茂《いいやましげる》氏（のちに東部方面総監）は、陸路モスクワからブカレストまで車で走破する計画を立てた。「現場に行け、現場に聞け」の実践である。道中が長い。モスクワ市内だけは夫人に運転を任せ、休もうとした。市内で信号待ちで停車中、トラックが飛び込んできて怪我をし、ブカレスト行きは中止となった。旅行をさせないため、トラックは意図的に突っ込んできたのだろう。

一九七〇年代末、中央アジアに旅行に出た防衛駐在官はレストランで、「日本の武道のために乾杯しよう」ともちかけられ乾杯した。しかし、酒に毒を盛られ、異変に気づいた防衛駐在官はトイレに駆け込み、トイレのなかから鍵をかけた。その後一時間以上、トイレのなかで気を失っていた。

フランス駐在武官の夫人が夜中に車の運転中、交差点で三方向からトラックが向かってきて、うち一つに衝突、死亡したという噂もあった。交差点で三方向から車で攻められる手段は、英国駐在武官がモンゴルのソ連軍を視察に行ったときにも使われた。

冷戦の厳しい一九六〇年代、一九七〇年代、ソ連で情報収集活動をすることは、ときに命がけであった。しかし、こうした諜報・防諜の世界は、何も冷戦時代のソ連に限らない。第一章でイラン・イラク戦争当時のイラク情勢を述べたが、この当時、スパイ容疑で日本人商社員が拘束されていた。また、ある日、ミサイルがバグダッド市の中心部に着弾した。すぐ立ち入り禁止の縄が張られた。このとき若手の日本大使館員が、張られた縄の内側にすでにいた。不審人物として連行され、殴る蹴るの暴行を受け、翌日眼鏡を壊されて出てきた。

私が一九九九年、大使としてテヘランに赴任した際、私たち夫婦が最初にイラン人の自宅に呼ばれたのはダンス・パーティーである。この当時、イラン社会の規律は厳しい。革命防衛隊が、社会に腐敗がないか目を光らせている。とくに女性には厳しい。女性が外に出る際には髪を隠さなければならない。この時期にダンス・パーティーである。西側の音楽を楽団入りで鳴らせば、外部に漏れる。「大丈夫なのか」と主人に聞くと、その地域の革命防衛隊に賄賂《わいろ》を贈ってあるから大丈夫という。私は踊りに参加せず、会話だけに参加した。二度とダンス・パーティーには呼ばれなかった。

ひょっとしてこのダンス・パーティーは、ハニー・トラップ（蜜の罠：女性スパイが対象男性を誘惑し、相手の弱みを脅迫して機密情報を要求する諜報活動）への序章だったのかもしれない。私がイラン在勤中、トルコ、スペイン、エジプト大使がイラン人女性と男女関係をもち、発覚した。うちトルコ、スペイン両大使は離婚に追い込まれた。

ある意味で劇的なのは、スペイン大使のケースである。彼はテヘラン赴任の直前に結婚し、新婚状況でテヘランに来た。夫人は闘牛を生産している伝統ある家の出で、彼は結婚の承諾を得るため闘牛と闘う儀式を演じている。形式的にせよ、命をかけて新妻をもらった彼が、イラン人女性と関係をもった。諜報・防諜は、今日でもさかんに行なわれている。

なぜスパイを送るか

冷戦のピーク、一九七〇年代に訪日したＭＩ６（英国情報機関）の幹部に質問する機会があった。

「なぜ、ソ連にスパイを送るのか。西側のスパイはソ連側にチェックされる。ときには人的被害も受ける。その犠牲を払ってまで、スパイを送る意味があるのか」

そのとき、ＭＩ６の幹部は次のように答えた。

「今日、公開情報で手に入れられない情報はほとんどない。ほぼすべての情報が新聞や雑誌に出ている。しかし、ここに問題がある」

「これらの情報をもとにすると、Ａという結論も、それと相反するＢという結論も、それを裏付ける根拠らしいものが集まってくる。いまソ連がＡに向いているのか、Ｂに向いているのか。いかに推理を重ねても、正解は外からでは解らない。ＡとＢとの選択肢のなかで、Ａのほうが確率が高い。では、現実はつねにＡになるかというと、そうとは限らない。現場に行かなければ解らない。それがスパイの役目だ」

スパイの役割は「現場に行け、現場に聞け」である。

ＭＩ６は徹底して「現場に行け、現場に聞け」の原則を重視していたと思う。任国の中枢に食い込む。これは数百年に及ぶ英国情報組織の鉄則である。

冷戦時代、英国の情報機関の人間は東京にも駐在していた。では、東京における外国人社会のなかで、彼は情報機関の人間であることを隠していただろうか。

通常、身分がばれれば活動しにくいだろうと思う。しかし、彼は外交団のなかにあって、情報機関の人間であることが分かるように行動していた。かつ住所も英国大使館のなかではなく、独立して住んでいた。なぜか。

彼の最大の任務は、東京に在勤する共産圏の外交官、軍人を自国のスパイに寝返らせ、それを本国に送り込み、英国のスパイとして働かせることにあった。共産圏の人間で体制に不満をもつ人間は、彼の所に行けば間違った対応はされないというシグナルを送っていたのである。

先に引用したＭＩ６の幹部は当時、次のようにいっていた。

「ＭＩ６の全人数は、米国がタイあたりに張り付けているＣＩＡの人数より少ないかもしれない。しかし、成果では負けない」

ＭＩ６はペンコフスキーをもった。そして表に出ないが、第二、第三のペンコフスキーをソ連政府のなかに、それもソ連情報機関KGBのなかにもっていた。「現場に行け、現場に聞け」は情報の原点である。

私は現場には、英国に二度（最初が一九六六年から六八年、次が一九七六年から七八年）、ソ連に二度（一九六八年から七一年、一九七八年から八〇年）、のちに米国、イラク、カナダ、ウズベキスタン、イランに勤務した。それぞれの地で、さまざまなことを学んだ。

一九七六年から七八年の英国では、英国を通して国際情勢を学び、英国が国際情勢にどう関与しているかを学んだ。英国は国際情勢をきわめて厳しく見ている。もちろん対応も厳しい。厳しさを示す一つの例を紹介しよう。

一九九九年三月二十四日から七十八日間、NATO軍はセルビアの首都ベオグラードを攻撃した。前年の一九九八年、セルビア治安部隊などが、西側の支援を受けているといわれたコソボ解放軍の掃討作戦を開始した。NATO軍は「非人道的行為を阻止するため」セルビアの首都ベオグラードを空爆した。

この攻撃中、テレビ局、道路、橋、工場、住宅、諸官庁などの非軍事施設が被弾した。この時期、たまたま英国系のNATO関係者と会った。彼は何かの拍子に私に、「なぜ非軍事施設が空爆の対象になったと思うか」と問うた。私が「誤爆?」と答えたら、違うという。

そして次の説明をした。

「セルビアはバルカン地方で最も強力な国である。再び地域の覇権大国を目指す。それはわれわれの利益ではない。われわれはセルビアが再び軍事大国になるのを阻止しなければならない。それをどうして達成するか。今次の軍事作戦は、それと関係がある。軍事施設を破壊するだけでは十分でない。われわれは意図的に非軍事の道路、橋、工場を空爆した。セルビアは戦争後、復興に向かう。民需の修復の必要が大きければ大きいほど、軍事部門の復興は困難になる。そのためですよ」

この説明を聞いて「そうか」と解ったことがある。

第二次大戦終結直前、米国は、ドイツ、日本の町を徹底的に空爆した。軍事と何ら関係がない町が目標となり、徹底的に壊滅させられた。表向き、戦争意欲を喪失させるためといわれた。しかし当時、ナチ、日本軍部は、一般市民の感情と無関係に戦争の継続を行なっていた。では、なぜ普通の都市を破壊したのか。セルビア攻撃の説明を聞いて解った。終戦後、資源を非軍事の復興に集中させるためである。

戦争は人道目的で行なっているのではない。すべての軍事行動の是非は、軍事目的の観点で判断すべきである。この理解もまた、ＮＡＴＯ関係者のなかに入るという「現場に行け、現場に聞け」でできたことである。

「現場に行け、現場に聞け」は、たんに物理的に現場にいることを意味しない。「現場」の人々が何を考えているかを知ることを意味する。米国のソ連問題の権威、ジョージ・ケナン（冷戦時代の対ソ連封じ込め政策の理論的支柱となる）はチェーホフ全集を読みロシア人を把握した。それぞれの国の国民が映画、テレビ、小説、演劇などで何を主題としているか、これらを理解して初めて「現場にいた」といえる。

今日、インターネットが大変な発達をした。十数年前は、米国大統領が一般教書で何をいったか、大使館や新聞社が報告しなければ分からない。外務省員やジャーナリストは一般国民に対して圧倒的に優位に立っていた。しかし今日、事情が一変した。日本にいてインターネットを見れば、大統領や国務省のプレス・ブリーフィングでのやり取りが映像で見られる。ワシントンに物理的に居住していたり、大使館にいることで、自動的に他の人々よりも「現場にいた」といえる状況ではなくなった。

なぜ小説を読むか

私はできるだけ小説を読むことにしている。ソ連崩壊直前の時期、ソ連で注目された作家にチンギス・アイトマートフがいる。代表作の一つに『処刑台』がある。このなかに次のような記述がある（記述は筆者の記憶に基づくもの）。

主人公がカザフスタンの草原からモスクワに帰るときに、貨物列車に乗る。そのなかには荒くれ者が多数乗っている。彼らは麻薬の運び屋だった。運び屋仲間に子供が加わっていた。主人公はこの子供に向かって〝君はこういう仕事に就くべきでない〟という。これを聞いた運び屋たちは怒り、彼を殴り蹴り、砂漠に放り出した。瀕死《ひんし》の状態で動けない。水もない。死が待っている。しかし、主人公は奇跡的に生き残った。

この描写を見て、日本人に「主人公の選択をするか」と問うと、ほぼすべての人は「しない」という。「どうしても子供に忠告したかったら、汽車がモスクワに着き、運び屋がいないところで行なえばよい。そうすれば、瀕死の目に遭うこともない。子供にゆっくり忠告できる」という。まったく同感である。

しかし、考えてみると、キリストの選択は異なる。彼は人に進むべき道を説いた。そして説いているときに皆が受け入れたわけではない。最後に処刑されている。費用対効果を短期的に見れば、失敗だ。重要なのは「発言」そのものである。発言の是非は、効果の大小ではない。『処刑台』の主人公の選択は、キリストの生き方に通ずるものがある。

ソ連時代のソルジェニーツィン、サハロフなどの知識人の生き方は、『処刑台』の主人公の生き方である。発言すること自体に意義がある。こうした小説を読むと、ロシア政治の一面が理解できる。

一九九五年、私がまだ駐ウズベキスタン大使であったころである。当時タシケントに発着する飛行機は、夜中の二時、三時であった。私は誰かの見送りで飛行場に行った。見るとウズベキスタンの国防大臣が同じく見送りに来ていて、誰かと話し込んでいる。後日、国防大臣に、「あれは誰だったのか」と聞くと、チンギス・アイトマートフだったという。「どうして貴方が見送っているのか」と聞くと、「自分が呼んだ。カリモフ大統領が、ああいう人の意見も聞くべきだと思ったから」と答えた。

国防大臣が他国の小説家をわざわざ呼んで大統領に会わせる。その識見に感心した。残念ながら、この国防大臣はその後、引退した。僭越《せんえつ》だったのかもしれない。

ロシアのジャーナリストにアンナ・ポリトコフスカヤがいた。『プーチニズム』『ロシアン・ダイアリー』の作者で、チェチェン戦争などでプーチン大統領を激しく批判した。彼女はプーチン批判が自分の命の犠牲につながることを知っていた。それでも批判している。二〇〇六年十月七日、アンナ・ポリトコフスカヤは自宅アパートのエレベーターのなかで殺害された。『処刑台』の主人公に重なる部分がある。

イランにいたときには、ペルシア語の勉強もあって、イランの童話を一〇〇以上読んだ。一つを紹介したい。

ネズミの集団と猫の集団がいがみ合っていました。このとき一匹の子猫が、いがみ合いは悪い、仲良くしなければならないと思い、ネズミの首領のところに出かけた。そこで首領に、「私は猫の集団と異なり、ネズミと仲良くしたい」といいました。これを聞いた首領は、「それは難しいと思う。でもどうしてもというのなら、私の孫と一緒に三週間の旅に出なさい。そしてうまくいったら、われわれの友人として受け入れよう」といいました。

子猫とネズミの孫は、二匹一緒に旅に出た。楽しくてしかたがない。二匹は遊び、互いに転びまわった。ネズミの孫がいいました。「楽しいけれど、貴方が大きすぎる。私はしばしば押しつぶされそうになる。何とか小さくできないか」。子猫は考え、自分の尻尾を切った。毛も刈った。またネズミの孫がいいました。「楽しいけれど、貴方が大きすぎる。私は押しつぶされそうになる。何とかならないか」。

子猫はさんざん考えた。もう自分を小さくすることはできない。では、ネズミを大きくしよう。頭と足をもって一生懸命引っ張りました。ぷつりと胴で切れました。子猫は亡骸《なきがら》をもってネズミの首領の元に帰りました。首領は「無理だろうといっただろう」と答えました。

子猫は淋しく、ネズミの集団を去っていきました。

イランにイスラム革命が勃発した。革命後、イランの知識階級はこの体制のなかで生きようとした。結局それが無理だった。私にはこうした経験を書いた童話のように思えた。

私は作者に会いたくて、秘書に探すよう依頼した。しかし、彼はすでに死亡していた。後日、夫人から丁重な手紙と、彼の出版物一式が送付されてきた。手紙は次のように書いてあった。

「夫は職がなくなりました。ときどき外国人の通訳をしていました。あるとき日本のＮＨＫが来て、その通訳をしました。ところがＮＨＫの一人がお金を盗まれたといい、夫に容疑がかけられました。のちに夫は監獄を出たり入ったり、結局体を壊し、亡くなりました」

私が大使として赴任していたころのイランのジャーナリズムも凄かった。宗教主導の政治体制を批判する。すぐ発刊停止になる。するとまた名前を変えた新聞が現れる。そのうち、編集者や記者が逮捕される。殺される人も出る。しかし別の新聞が出る。ソ連のジャーナリズムは凄いが、凄さではイランも負けていない。この意識が二〇〇九年六月、大統領選挙の不正を糾弾する民衆デモにつながっていく。

現地にいたというなら、テレビ、本、映画などを見る必要がある。同じ憤りと諦めも共有する必要がある。

第三章

情報のマフィアに入れ

——オイルショック（一九七三年）

石油危機のメッセージを見逃す

第二次大戦終結後、日本人が不意をつかれた世界情勢は多々ある。

一九七一年七月、米国は突然、ニクソン大統領の中国訪問を発表した。第一次ニクソン・ショックである。さらに変動為替相場制への移行も突然、発表した。第二次ニクソン・ショックである。

日本政府は、同盟国米国が次々と打ち出す通告を事前に知らない。「外務省の情報収集能力はどうなっているのだ」という激しい非難が出た。さらに一九八九年十一月のベルリンの壁の崩壊も、外務省は予測していなかった。

不意をつかれた事件は数多くある。そのなかでも、一九七三年十月のオイル・ショックは国民を大混乱に導いた。政府は緊急の対策要綱を発出した。室内温度の適正化（二〇℃）、広告用照明の自粛、高速道路における高速運転の自粛や、一般企業への一〇％の電力節減を盛り込んだ。不安に駆り立てられた国民は、トイレットペーパーや洗剤など、原油と直接関係のない物資の買占めを行なった。この混乱の一因は、オイル・ショックがある日突然起こり、日本社会でほとんど誰もが予測していなかった点にある。

しかしこの時期、私の情報に対する感覚が鋭敏なら、オイル・ショックを事前に警告できた。しかし、私にはまだその能力がなかった。

米国国務省に政策企画部がある。一九四七年ソ連封じ込め政策を提言し、冷戦の基本構図を作成したジョージ・ケナンが初代部長である。国務省の頭脳集団といってよい。

歴代の政策企画部長には、ジョージ・ケナンに加えて、ポール・ニッツェ、ウォルト・ロストウ、ポール・ウォルフォウィッツ、デニス・ロス、リチャード・ハースなど、米国安全保障論議の中核になった人物が揃っている。いずれも米国の外交・安全保障の重要な局面に関与してきた人物である。日本に比較的馴染みのある人物には、元中国大使ウィンストン・ロードがいる。彼は一九七三年から七七年の政策企画部長である。二〇〇九年四月、ロードが訪日したときは、会議で一緒になった。

日本外務省における政策企画部門の歴史はそう古くない。戦後、外務省は賠償等の戦後処理、経済復興に忙殺されていた。しかし、そろそろ自らの外交を思索すべきであるとして、政策企画部門を委員会ベースで立ち上げた。一九六七年当時の斉藤鎮男《さいとうしずお》外務大臣官房長が政策企画を専《もっぱ》ら任とする組織をつくるべしとして企画課を創設、初代課長に村田良平《むらたりようへい》氏（のちに外務次官）が就いた。その後も外務省内で知的水準が抜きん出ているとみなされる人物が歴代、企画課長の座についた。ここが対米協議を開始した。

一九七三年春、私はバージニア州のボアズ・ヘッドで開催された日米政策企画協議に参加した。英国・ソ連でのロシア語研修後、駐ソ連大使館勤務をし、最初の本省勤務が情報調査部分析課であった。私は中ソ関係、ソ連動向を担当していた。一九七〇年代初頭は国際政治の激動の時代である。

七二年二月にニクソン大統領が訪中した。米ソ間では核兵器の戦略交渉が実施されている。八月、朝鮮半島で南北赤十字本会談が開始された。日米間で真剣に討議すべき国際情勢は山のようにあった。そのなかで、米国はサウジアラビア問題を協議しようといってきた。私には、なぜサウジアラビアを協議しなければならないか、まったく解らなかった。たぶん、日本側の出席者の誰も解らなかったのではないか。

しかし、この時期、国際関係の評論を読み込んでいたなら、サウジアラビア問題がきわめて重要であることに気づいていたはずだ。『フォーリン・アフェアーズ（Foreign Affairs）』誌一九七三年四月号は「石油危機：今回こそ狼はここにいる（The Oil Crisis: This Time the Wolf Is Here）」と題するエーキンズ（Akins）国務省燃料・エネルギー部長の論文を掲載していた。論文の主旨は次のようなものである。

・石油資源は有限である。
・アラブ諸国はこの石油を、イスラエル・アラブ間の政治紛争で政治的武器として使用しようとしている。
・このなか、サウジ国王のみが政治的利用に反対している。

米国が日米政策企画協議でサウジアラビア問題を協議しようとした背景は、次のようなものであったのだろう。

・パレスチナ問題をめぐり、イスラエル・アラブ間が緊迫している。

米国はパレスチナの政治紛争でイスラエル支持を鮮明に打ち出している。アラブ諸国が米国に対して石油の禁輸を行なう可能性が十分ある。他方、日本や欧州諸国は石油の中東への依存がきわめて高いため、アラブ寄りの政策を打ち、日欧には石油供給がなされ、米国だけが禁輸される可能性がある。それを避けるため、米国は日米欧一体となった石油消費国同盟をつくる必要がある。米国はキッシンジャーが中心になってこの構想を考えている。「情報のマフィアに入れ」――私は「政策企画」という「マフィア」に触れた。米国がなぜサウジアラビアの問題を協議しようとしたのか、勉強していれば事態の重要性に気づけた。しかし猫に小判。当時、私はこの問題の重要性にまったく気づかなかった。

「情報のマフィアに入れ」――この教訓を得た最初が、一九七三年の日米政策企画協議であった。国務省政策企画部という頭脳集団の関心を共有できたのである。

では、外部の者が国務省政策企画部レベルの人と接触するにはどうしたらよいか。

『フォーリン・アフェアーズ』誌の意義

外部の者が米国国務省政策企画部レベルの人と接触する一番確実な道は『フォーリン・アフェアーズ』誌を読むことである。『フォーリン・アフェアーズ』誌を発行している米国外交問題評議会の会長には、ウィンストン・ロード（一九七七年―八五年）、リチャード・ハース（二〇〇三年―）と、国務省政策企画部長を経験した者が就任している。

日本では『フォーリン・アフェアーズ』誌の性格を理解している人が少ない。一見、学者の論文集のように見える。しかし、役目はこれに留まっていない。米国の外交や安全保障問題が転換期にさしかかり、どうすべきかを米国政府が考察している時期に、そのテーマの論文が出る。かつ、しばしば米国の新しい政策を示唆する。

一般的に『フォーリン・アフェアーズ』誌がどのように評価されているかを知るため、「ウィキペディア」（二〇〇九年四月一日現在）の記述を見てみたい。

一九二二年九月に、アメリカの外交問題評議会によって創刊された外交・国際政治専門誌。外交・国際政治関係の雑誌として最も権威があるとされており、第二次世界大戦後に発表され、来たるべき冷戦を分析したジョージ・F・ケナンの『X論文』（題名：「ソ連の対外行動の源泉」）や、冷戦終結後の文明間の対立を予測したサミュエル・P・ハンティントンの「文明の衝突」など、その時代を代表する外交・国際政治や国際経済に関する論文が発表される場として度々選ばれるなど、世界的影響力をもつとされる。…（中略）…二〇〇六年に政府や実業界、教育分野など米国の指導者層に当たる人々を対象に、メディアの影響度を調べた世論調査で、フォーリン・アフェアーズが「もっとも影響力のあるメディア」の首位に選ばれている。

『フォーリン・アフェアーズ』を読むことは、米国国務省政策企画部マフィアの準構成員レベルに行けることである。

第一章冒頭で私は、「ハーバード大学国際問題研究所で研究員として『オホーツク海におけるソ連戦略潜水艦の意義』を書いた。……私は学生に交じり、ジョセフ・ナイ（『ソフト・パワー』の著者）、アーネスト・メイ（『歴史の教訓――戦後アメリカ外交分析』の著者）、サミュエル・ハンチントン（『文明の衝突』の著者）、グレアム・アリソン（『決定の本質』の著者）など、米国を代表する国際政治学者の講義を興奮しながら聴いた」と記述した。このとき私がハーバード大学などの力に脱帽したのは、いかなる国際問題であれ、その時々に論議される問題があると、最も関係のある政府責任者を呼んで講演をさせたり、議論の場を提供したりしていることである。

一九八五年から八六年にかけて、日本経済の追い上げが米国で深刻な問題になっていたときに、ゼネラル・モーターズ（GM）社は副社長以下一〇名程度の役員をハーバード大学へ送り込み、対日政策を述べていた。

「世間ではGMイコール米国、米国イコールGMといわれている。わが社の抱えている最大の問題は何か。日本車にどう立ち向かうかである。日本車の輸入制限をすべきであるとの声がある。しかし、わが社はこの政策をとらない。もちろん、日本車の輸入制限をして米国市場を守るという選択肢はある。しかし、GMはたんなる北米市場の自動車会社になるつもりはない。そんなことをすれば、GMはちょうど、フランスのルノー社がフランス市場だけの会社であるような存在になる。われわれは世界企業を目指す。そのためには日本企業の挑戦に応える必要がある」

GMは日本企業に真正面から立ち向かう意思をもっていた。この時期、ハーバード大学教授がCIAの資金提供を受けていたことが明るみになった。これに学生が反対運動を起こした。このとき、三人の元CIA長官が飛んできて、CIAとは何かを説明した。「CIAとは米国政府のなかにあって、現在の政策と異なる政策を提言する政策集団でもあるのです」という説明は、いまでも記憶に残っている。

米ソ間で戦略問題の交渉後、米側首席代表が飛んできて、交渉の現状を話した。

ハーバード大学等、米国の著名な大学は「象牙《ぞうげ》の塔」ではない。現実の社会で何が起こっているかの最新かつ直接の担当者の見解を詳細に得ている。「情報のマフィアに入れ」――米国のトップクラスの大学は、米国政府の動向をつねに取り入れることを制度として担保している。

米国社会は多様な価値観から成り立っている。重大な外交・安全保障政策は、世論の支持がなくては実施できない。面白いことに米国では世論を、世間一般の世論と、指導者層の世論とに分類している。時の政権は仮に世間一般の支持を取れなくとも、最低限、指導者層の世論の支持を得る必要がある。この指導者層の世論の支持を得る手段として、『フォーリン・アフェアーズ』誌がある。

すでに紹介した『フォーリン・アフェアーズ』誌一九七三年四月号の「石油危機：今回こそ狼はここにいる」と題するエーキンズ論文で見たように、(1)いま、なぜこの論文が出たか、(2)この論文に従えば、米国はどのような政策をとる可能性があるか、(3)それはいままでの政策とどう違うか、を見ていくことで、情報の準マフィアに参画できる。

別の表現を使えば、『フォーリン・アフェアーズ』誌を見て、「なぜこの論文がいま出ているか」「現在の政策との関係は何か」を考えると、米国政府の新たな動きが見えてくる。『フォーリン・アフェアーズ』誌一九九三年夏号は、ハンチントン教授の「文明の衝突」を掲載した。私は一九九九年、外務省国際情報局長のときに『現代「文明」の研究』（鈴木治雄編、朝日ソノラマ、一九九九年）に次のように記述した。

「『西欧とイスラムの数世紀にわたる対立構図が変化していく可能性は低く、むしろ敵意に満ちたものになっていく可能性が高い』と書いている。…（中略）…ハンチントン教授が『文明の衝突』を書いた際には、内容が如何に粗くとも、あるいは種々の問題点を含んでいようとも、この様な考え方がアメリカの外交を担っている人々の間でどれくらいの支持を得ているか、どれくらいの勢力を誇っているかが非常に重要になる。そしてことの善し悪しは別にして、一九九三年頃の米国ではハンチントン論文のような考え方が現実に主流であったと考え、また我々日本人もこのことを認識すべきである」

ハンチントン教授は一九五七年、代表的著作『軍人と国家』を書いて以来、国防省など米国政府のエスタブリシュメントと深い関係を有してきた。ハンチントン教授は米国安全保障政策マフィアの一員である。したがって彼の著作をたんなる学者の作品としてではなく、米国政府のエスタブリシュメントが示す方向性としてとらえると、多くのものが見えてくる。

私はハンチントン教授の「文明の衝突」を、米国の安全保障関係者は今後、「西欧とイスラムを敵対的なものにしていく」との考えのもとで政策を決めていくものと解釈した。そして一九九三年以降の米国の安全保障政策を見ると、まさにこの流れのなかにある。

小泉首相の対北朝鮮外交への警告

同じように私が注目したのは、二〇〇二年に発表されたビクター・チャの「ブッシュ政権の対北朝鮮強硬策の全貌」（邦訳が『論座』二〇〇二年六月号に掲載）である。

- （二〇〇二年一月二十九日に発表された）新アプローチの唯一の問題点は、ブッシュ政権が七カ月前に示した戦略と矛盾することだ。
- 強硬なエンゲージメント政策は懲罰的行動をとる根拠・基盤にできるからだと捉えられている。
- ワシントンは韓国、日本その他の地域諸国と連携して平壌を封じ込め、金正日が兵器開発をあきらめるまで和解には応じない。
- 日本と韓国も、北朝鮮に意味のない首脳会談路線を超えた誠意を見せる必要があることを強く認識させるうえで重要な役割を担いうる。

この論文を見て嫌な予感がした。「日本と韓国も、北朝鮮に意味のない首脳会談路線を超えた誠意を見せる必要があることを強く認識させるうえで重要な役割を担いうる」との記述は、日本への警告である。二〇〇二年六月の時点で、米国は「日本・韓国には、北朝鮮が兵器開発をあきらめるまでは首脳会談を行なうな」と釘《くぎ》をさした。

私はこの時期、防衛大学校にいるので、直接外務省と関係がない。しかし、外務省はこの警告に気づいているか不安であった。学生には『フォーリン・アフェアーズ』誌の読み方を教えるなかで、チャ論文に言及していた。

二〇〇二年九月、小泉純一郎《こいずみじゅんいちろう》総理は北朝鮮を訪問し、十七日、金正日総書記と会談を行なった。両者は「日朝平壌宣言」に署名し、国交正常化交渉を十月に再開することで合意した。

では「日朝平壌宣言」では、ビクター・チャが「ワシントンは韓国、日本その他の地域諸国と連携して平壌を封じ込め、金正日が兵器開発をあきらめるまで和解には応じない」としていた部分はどう処理されたか。

「日朝平壌宣言」は「双方は、朝鮮半島の核問題の包括的な解決のため、関連するすべての国際的合意を遵守することを確認した。また、双方は、核問題及びミサイル問題を含む安全保障上の諸問題に関し、関係諸国間の対話を促進し、問題解決を図ることの必要性を確認した。朝鮮民主主義人民共和国側は、この宣言の精神に従い、ミサイル発射のモラトリアムを二〇〇三年以降も更に延長していく意向を表明した」とのみ記載している。

ビクター・チャが、米国が日本・韓国に首脳会談を行なう際に求める条件としたものに達していない。米国は当然怒る。事実か否かは不明であるが、小泉総理の帰国直後、米国大使館情報担当者が首相官邸に乗り込み、米国の強い不満を伝えたといわれる。

ここで重要なのは、小泉総理が米国の姿勢をどの程度知っていたかである。本人、および総理側近に確認すれば明確になることであるが、私はたぶん知らなかったと思う。

小泉総理が北朝鮮を訪問する際に、外務省は「総理、じつはブッシュ（息子）大統領は最近、北朝鮮政策を変えたのです。もう数カ月前にブッシュ大統領が述べていたこととは違うんです。核兵器の開発について北朝鮮が従来の姿勢を述べるだけでは、米国は納得しないのです。もし総理の北朝鮮訪問で、核兵器開発について明確なコミットメントを北朝鮮から引き出せなければ、米国は総理の北朝鮮訪問に反対の姿勢をとるでしょう」と説明したか。しなかったと思う。

しかし、本来はこの警告はできた。かつ、誰かが行なわなければならなかったのである。

ビクター・チャはこの論文を発表したのちに米国の国家安全保障会議（NSC）アジア部

長に就任し、日本、南北朝鮮、豪州、ニュージーランドの責任者となる。チャ論文が『フォーリン・アフェアーズ』誌に掲載された段階で、外交当局は「これは大変なことになる」という感度をもたなければならない。しかし、こうした感度は一日二日、一年二年でつくものではない。いくつかの失敗のうえに教訓を得ていく。

専門の情報担当官を育てていかなければならない。残念ながら外務省は、専門の情報担当官を育てる機運を大きく後退させている。

本章の冒頭で、一九七三年の段階では、私には情報に対する鋭い感度が備わっていなかったことを述べた。一九七三年の日米政策企画協議でせっかく石油危機の可能性を知りうる機会を得たにもかかわらず、見逃したことを述べた。日米関係がいかに緊密であったからといっても、日本側が問題意識をもっていないときに、「この問題はこのような重要性をもっているのですよ」「最近こういう変化がありましたよ」「日本の政策にはこういう影響を与えますよ」と懇切丁寧に教えてくれることはない。自ら、いくつかの事例に当たり、感度を磨いていくしかない。

この章のタイトルは「情報のマフィアに入れ」である。このタイトルを見て多くの人は、「何をいっているのだ。われわれが情報のマフィアに入れるわけがないではないか」と思われるかもしれない。しかし、われわれは準構成員のレベルにまでは入れる。

ホワイトハウスのサイトで「briefing room/press briefings」を見れば日々、ホワイトハウス報道官と記者とのやり取りを追いかけられる。同じことは国務省でも実施されている。日々約三十分費やせば、報道官と記者のやり取りがビデオで見られる。

インターネットの発達していなかった時代には、外務省では大使館からの報告がなければ、この情報に接することができなかった。いまは誰もが国務省のプレス・ブリーフに出席している状況になる。ときに記者は厳しい質問をする。報道官の顔の変化を見れば、米国政策のニュアンスすら伝わってくる。

数年前までは、国務省の見解を直接知るには大使館員か、新聞記者でなければならなかった。しかし、いまや誰でも、日本の大手メディアの記者のように、プレス・ブリーフの席上に座っていられる。「情報のマフィアに入れ」は、皆が準構成員程度には実現可能の段階にきた。

モニカ・ルインスキー事件の真相

話を私の外務省国際情報局長のころに戻そう。私は各国の情報関係者と積極的に意見交換をした。

一九九八年初頭、このころ日本ではあまり騒がれなかったが、国際関係の最大の問題は、米国による対イラク軍事攻撃であった。多くの日本人は二〇〇一年「九・一一米国同時多発テロ」からの流れのなかで米国のイラク攻撃が出てきたかのような印象をもっているが、そうではない。一九九八年一月、サダム・フセインを排除するため軍事行動を起こすべきだとするきわめて重要な書簡が、クリントン大統領宛てに発出されている。主要内容は次のとおりである。

- われわれは貴大統領が今度行なう一般教書において、米国の新しい中東戦略を打ち出すべきと考えている。
- その戦略にはサダム・フセインの排除を含むべきである。
- この目的を達成するため、外交が失敗すれば軍事行動を行なうべきである。
- 全会一致の安保理決議に縛られるべきではない。

この文書の署名者には、次の人物を含んでいる〈以下カッコ内はのちのブッシュ〈息子〉政権での地位)。ラムズフェルド(国防長官)、ウォルフォヴィッツ(国防次官)、パール(国防政策諮問委員会委員長)、エイブラムズ(NSC中東部長)、アーミテージ(国務副長官)、ボルトン(軍備管理担当国務次官補)等。

サダム・フセインを排除すべしという考えは、九・一一同時多発テロ事件で出たのではない。イラク戦争を推進した人は、一九九八年にこの主張をしている。他方、クリントン大統領はサダム・フセイン排除に動くような人物ではなかった。

一九九八年、クリントン大統領は最大の危機を迎えた。一月モニカ・ルインスキーとの不適切な肉体的関係、不倫騒動が世界のトップニュースとなった。サダム・フセインを排除するために軍事行動を起こすべきだとする書簡も一月に出ている。下院は大統領を弾劾訴追した。上院が無罪の評決を下し、この事件に幕が引かれた。

サダム・フセイン排除を呼びかける書簡は、クリントン大統領が最も弱い時期になされている。誰がモニカ・ルインスキー事件を仕掛けたかは分からない。しかし、共和党がモニカ・ルインスキー事件でクリントン政権をどこまで追い詰めるかという問題と、共和党系のタカ派が主張するイラク参戦を行なうか否かがリンクしていた。クリントン大統領は一種の「ハニー・トラップ」のなかに落ち込んだ。米国人が米国の大統領に仕掛けている。

この時期、私はイラクの隣国、ヨルダンの情報省を訪れた。議題は当然、米国のイラク攻撃の可能性である。

私は「米国のイラク攻撃はあると見ているか」と問うた。

局長は椅子に座った私を見て、「昨日、その座席にジョン・カーが座っていた」という。ジョン・カーは、まさに私が英国陸軍学校でロシア語をともに学んだ男である。このとき、英国外務次官となっていた。

そして、ヨルダンの情報局長は、

「ジョン・カーは、〝英国は米国に対して、イラク攻撃は支持する、そしてそれを効果的にするためには国連決議があったほうがいい、英国はその実現のため全力を尽くす、と進言した。しかし、この進言はヨルダンのためでもあるのです〟といった」

といって、にやりと笑って口を閉ざした。

英国陸軍学校の同級生が、ヨルダンの情報局長のところを一日違いで訪れている。

ジョン・カーの発言の意味は補足説明を必要とする。解説すると次のようになる。

「クリントン大統領はイラク攻撃を真剣に考えている。英国は米国に対する最も頼りになる同盟国の役割を演じている。当然、米国が表明したイラク戦争の支持をしなければならない。しかし内心、イラク攻撃は望ましくないと考えていた。米国の機嫌を損ねることなく、戦争を止めさせる手段はないか。そこで出てきたのが、国連決議を重視するという案である。米国には、〝自分たちはもちろん戦争を支持する。しかし、戦争を効果的にするには、やはり国連決議があったほうがいい。一緒にこの実現のため頑張ります〟という」

「実際、英国は国連決議を通すため必死の努力をする。しかし、この国連決議にはロシアが反対することは最初から解っている。いくら英国が頑張っても国連決議は通らない。結局、決議は流れ、国連決議を得られないことで、戦争への流れが変わる。米国は世論の流れに抗せられない。こうして米国の戦争への動きが止まる」

では、ヨルダンとの関係はどうか。ヨルダンはイラクの隣に位置する。イラクでの戦争の勃発はヨルダンの混乱を招く。ヨルダンの内政はきわめて脆弱《ぜいじゃく》である。これにイラクでの戦争が加われば、ますます不安定になる。したがって、ヨルダンはイラクでの戦争には反対である。ジョン・カーは、「米国には支持するといっているのだが、ほんとうは反対で、そのために国連決議といったのですよ。貴方の国のためですよ」とヨルダン政府に伝えにきているのである。英国のしたたかな外交の一面に接した瞬間である。

ちなみにアブドラー現ヨルダン国王の母は、英国軍人ガーディナーの娘である。英国との結びつきはきわめて強い。英国情報機関ＭＩ６の元長官の葬儀に、アブドラー・ヨルダン国王は最高の参列者として出席した。そういう緊密な関係が、英国とヨルダンには存在している。

松阪牛と青森リンゴ

私が国際情報局長時代、アブドラーはたんなる王子の一人にすぎなかった。一九九八年十月、アブドラー王子は自ら飛行機を操縦して来日した。死期を迎えていたハッサン国王の大好物は、松阪牛と青森リンゴである。彼はこれを購入し国王にあげるために、自ら飛行機を操縦して来日した。

この訪日時、サウジアラビアのアブドラー皇太子も訪日していた。日本の中東関係者は皆、サウジのアブドラー皇太子の歓迎に夢中だった。誰もヨルダンのアブドラー王子の相手をしない。

困った駐日ヨルダン大使が、「貴方の国際情報局長というタイトルは便利だ。何かよく解らないところがいい。接宴してほしい」といわれ、駐日大使と三名で約三時間半、夕食をともにした。中東和平問題など、話題は「情報のマフィア」の核心中の核心に入った。サウジ情勢、ＰＬＯへの武器の流れ、そのなかでのシリア・ヨルダンの役割、ヨルダンにおけるＣＩＡほか各国情報機関の動きなど、「えっ」と思うような内容を教えていただいた。のちに家族の写真をいただいた。

この訪日後、彼は皇太子に任命され、今日の国王になっている。松阪牛と青森リンゴが皇太子への昇格に貢献したのではないかと思っている。この駐日大使も、アブドラー国王のもとで外務大臣になった。ここにも松阪牛と青森リンゴが関係したのでないかと思っている。

イラクをめぐる情報収集は、これで終わらなかった。一九九八年、私はミュンヘンで開催された安全保障会議に出席した。この会議は一九六二年、ドイツの実業家が欧州と米国のあいだの安全保障対話の重要性を認識して、毎年開催されているものである。欧州と米国の安全保障マフィアの会合といってよい。ここで米国の力を見せつけられた。

冒頭、欧州の政治家、ジャーナリストたちが「イラク攻撃をする合理的理由がない」とイラク攻撃に向かう米国を攻撃した。午後、米国側の先陣を切って、マケイン上院議員（のちに二〇〇八年大統領候補）が演説した。

「欧州の人々よ。貴方たちが〝イラク攻撃が必要だ〟というわれわれの主張に反対なら、それでよい。しかし、それは欧州諸国が、米国がいま安全保障政策で最も重要であると思っている案件に協力しないことを意味する。それならわれわれ米国も、欧州が一番大事だという案件に協力する必要はない。米国は旧ユーゴスラビアの混乱を救うために軍事協力をしているが、米国軍は撤退する」

この会議に参加していた米国上院議員、下院議員が、次々とマケイン上院議員のセリフを繰り返した。一人として欧州の方々の考え方も解る、とは発言しない。一致団結して激しく欧州に迫った。

二日目、欧州の政治家は態度を一変して、次々に「米国のイラク攻撃を理解する」と発言した。旧ユーゴスラビアへの米国軍派遣は、この時点では不可欠であった。欧州は米国の圧力に屈し、米国の主張を受け入れたのである。

二〇〇九年二月にもミュンヘン安全保障会議が開催された。米国は欧州に対してアフガニスタンへの軍事作戦に協力するよう強く迫った。欧州はアフガニスタンに自分たちの軍隊を増派するのに慎重である。欧州側は一九九八年の教訓を十分生かした。米国に反対する際には、自分の近辺に米国の支援を必要とする安全保障問題を残しておいてはならない。二〇〇九年には旧ユーゴの安全保障問題は片付いている。欧州は自分の主張を堂々と行なっていた。

ミュンヘン安全保障会議は毎年開かれる。さしたる肩書のない私は、最早この会議に出席する資格はない。しかし、米国と欧州の安全保障関係者が年一回、何を議論するかは注意深く追いかけてきた。ここでの討議がその後の世界の安全保障関係の方向性を示しているのである。

これもまた「情報のマフィア」の集まりである。インターネットの発達した今日、こうした会議で何が議論されているか、入手することがそうとう容易になっている。

第四章

まず大国（米国）の優先順位を知れ

――ニクソン訪中（一九七一年）

ハーバード大学メイ教授の教え

国際情勢の分析で私が最も感銘を受けた授業は、アーネスト・メイである。

私はハーバード大学でソ連の軍事戦略を研究していた。ハーバードのロシア関係の教授と話す。私は一九六〇年代末から三年、七〇年末から二年、ソ連で勤務した。したがってソ連の土地勘はある。しかし、ハーバードのロシア関係の教授といっても、ソ連での生活の経験がない。すでに第二章で見たように、私は「現場に行け、現場に聞け」という現場至上主義の考えをもっている。現場至上主義の観点からいけば、私のほうがハーバードのロシア関係教授よりははるかに勝っている。不遜《ふそん》ながら、ハーバードの教授もこの程度かと思った。

この気持ちをもって、アーネスト・メイ教授の米国外交史の授業に出た。メイは歴史学者である。同時に、国防省、国家安全保障会議（NSC：National Security Council）、国家情報会議（NIC：National Intelligence Council）で勤務した。彼は、米国の安全保障、情報分野に深く関与してきた。この当時知らなかったが、彼はCIA・情報分野の研究では第一人者であった。

メイ教授は、「その時々の国際社会で最も力の強い国が、特定の地域情勢にいかなる利害をもち、どう関与していくかが最も重要な要因である」ことを説いた。米国の外交史をこの観点から説明した。

いまでこそ米国は世界最強であるが、それが確立したのは第二次大戦以降である。したがって米国の外交・安全保障も、かつてはその当時の世界最強の国々とどう関係をもつかが重要であった。

メイ教授は具体例として、「東部に入植した英国の清教徒が、なぜインディアンに勝てたか」と「独立戦争時、なぜ米国が英国軍に勝てたか」を取り上げた。軍事的にはインディアンが清教徒に圧倒的に勝っている。同じく独立戦争時、英国軍は米国軍よりも圧倒的に強い。

メイ教授は、「東部に入植した人々がインディアンに勝てたのは、インディアンの部族間の対立があったからである。当時、最大勢力をもっていたインディアンは、五大湖近辺に勢力を張っていた。彼らの最大の敵は、五大湖に進出してきたフランスである。彼らはフランス勢力との戦いのなかで、英国の勢力の助長はこのフランス勢力に対抗するものと位置づけた。これによって、インディアンの主力は英国の入植民に対して全面的に戦わなかった」。

「独立戦争で米国が英国軍に勝てたのは、英国は主力部隊を米国に出兵させると、その隙《すき》にフランス軍が英国を攻撃する可能性があるとして、主力部隊の米国派遣ができなかった。このことが米国の独立軍が英国を破った最大の理由である」と説明した。

メイ教授の教えは、私の国際情勢分析の核になった。第二次大戦以降、軍事・政治的に圧倒的な力をもつのが米国である。したがって、この米国が個々の地域情勢にどう関与していくかを見極めることが、最も重要になる。

「第一章　今日の分析は今日のもの、明日は豹変する」でイラン・イラク戦争の変化を見たが、この変化は米国の変化と密接に関係している。メイ教授の説明を今日に当てはめれば、「今日の米国の政策は今日のもの、明日には米国の政策は豹変する。それによって国際情勢は一変する」ことでもある。

ベルリンの壁の崩壊を予測した人々

私は一九九三年発行の『日本外交　現場からの証言』でこのテーマに言及した。この当時、私の「ベルリンの壁の崩壊」の項は斬新だった。NHKの担当者はこの記述を読み、私に取材し番組を作った。しかし、いま見ると、きわめて重要な部分が欠落している。したがって、この問題を再度取り上げてみたい。

「ベルリンの壁の崩壊」は、第二次大戦後の最も重要な事件である。ここで、冷戦の終結の流れが決まった。

ブッシュ（父）大統領は「泣き虫大統領」として定評がある。では、ブッシュ大統領はベルリンの壁の崩壊に際して、これで冷戦が終わったと涙したか。していない。ブッシュ大統領はベルリンの壁の崩壊の意義をできるだけ抑えるように振る舞った。ベルリンの壁の崩壊を西側の大勝利として位置づけることで、ソ連の軍部、保守派を刺激することを避けた。

では、「泣き虫大統領」ブッシュ（父）大統領は、冷戦の終結関連で涙していなかったのか。じつは涙している。ベルリンの壁の崩壊の前に「これで冷戦が終わった」と、東欧で涙している。

事件は次の流れをとった。一九八九年十一月十日、東ドイツ政府の決定を受けて、東西ドイツ間の門が開放され、自由に交流ができるようになった。夜になると東ドイツ市民はハンマーなどを持ち出し、壁の撤去作業を開始した。ベルリンの壁崩壊から一年も経たない一九九〇年十月三日、東西ドイツは正式に統一されることになった。

これくらい重要な事件であるが、外務省のどこを探しても、ベルリンの壁の崩壊を予測したものはない。それどころか当時、在東独大使館報告は「東独政府は基本的に安定。大きな変化はない」としていた。

私はその後、外務省の多くの人に、「これだけの大事件である。知らなかった、突然起こったでは済まないだろう。事前に何か兆候がなかったか」と聞いて回った。

外務省内で少なくとも二人は異変の兆候を察知していた。一人は岡崎久彦氏である。この当時、岡崎氏は「国際情勢の動きで最も重要なのは米国の動きである。同盟国の日本が米国をスパイするわけにもいかない。しかし、もしわれわれが三カ月に一度くらいの頻度で米国の代表的研究機関を、西に一カ所（ランド研究所）、中西部に一カ所（シカゴ外交評議会）、東部に一カ所（ハーバード大学）、ニューヨークかワシントンで一カ所、意見交換をして回れば、必ず米国の動きは予測できる。米国が外交で大きな動きをするときには世論の支持が不可欠だ。少なくとも有識者には働きかけをしている」という持論をもたれていた。

それで一九八九年の時期、米国の研究所を回ると、皆が「東欧で何かが起こる」と予測していた。岡崎久彦氏はこの判断を安倍晋太郎《あべしんたろう》氏に報告し、安倍晋太郎氏はこの点にしばしば言及し、岡崎久彦氏に「東欧で大きなことが起こると皆にいっているが、まだ何も起こっていない」と苦情をいわれたという。

いま一人は渋谷治彦氏である。彼は大韓航空機爆破事件（一九八七年十一月二十九日、バグダッド発ソウル行きの大韓航空八五八便が飛行中に爆破された事件。犯人と目された二人が東欧経由でバグダッド入りしている）を調べているなかで、ＣＩＡとハンガリー治安当局がきわめて緊密な関係にあることを目撃する。治安関係がこれだけ密接であれば、何か大事件が起こっても不思議でないと判断した。

当時、駐東独大使館などがベルリンの壁の崩壊を予測できなくても無理はない。スタートはハンガリーで起こっている。

一九九二年の段階で、私がハンガリーの貢献をほぼ正確に知ったのは偶然である。当時、私はわが国の研究機関、総合研究開発機構の国際交流部長であった。そこになぜかオール・ハンガリー国防次官が訪れ、私が「ベルリンの壁の崩壊」に関心をもっていることを知ると、帰国後、手紙を送ってきた。

「ベルリンの壁の崩壊」にはハンガリーの政府、野党、宗教グループなどが貢献したと思います。とくに、ネーメト首相、ホルン外相、ポシュガイ無任所大臣の役割が大きい。

最初の行動は一九八九年夏、ハンガリーの町ショプロンで、ポシュガイなどが計画した〝汎欧州ピクニック〟です。このピクニックでは、「もし東欧、とくに東ドイツの人民がハンガリー国境を越えて西側に行くなら、ハンガリーとしてはこれを阻止しない」と発表、二〇〇キロ以上にわたってハンガリーの国境が開放されました。これで大量の東ドイツ人がハンガリーに集まってきました。八月には数万人の東ドイツ人がハンガリーに終結しました。

東ドイツ政府はこれに対して、従来と同じように、市民を強制的に自国に連行するという手段で解決を図ろうとしました。しかし、ハンガリー政府はこの手段に合意しませんでした。

この段階で、東ドイツ政府はハンガリーに強い抗議をしています。

かつこの時期、東ドイツの秘密警察が、政治亡命を求めて西ドイツ大使館に逃げた東ドイツ人を拉致し、事態は深刻化します。

八月二十五日、ハンガリーの首相ネーメトは西ドイツに飛び、超極秘でコール首相、ゲンシャー外相と会談します。ここで〝ハンガリーにいる東ドイツ人は、東ドイツに返さない〟ことが決定されます。これを受けてハンガリーの閣議は〝東ドイツ人のために国境を開放する〟ことを秘密決定します。

東ドイツはホルン外相の自国訪問を要求。ホルンは八月三十一日訪問し、ハンガリー政府の決定と、この問題は交渉の余地がないことを通告します。翌日、東ドイツの新聞は〝帝国主義とのハンガリーの陰謀〟と激しく非難します。ソ連には国境開放の日に正式通報しました。

ハンガリー政府が、東ドイツ人がハンガリーから西側に行くのを許可する決定をしたことで、「ベルリンの壁」は実質上崩壊した。東ドイツ人は直接ないし他の東欧諸国を経て、ハンガリーに行ける。ここから西ドイツに移れる。こうした一連の動きは、ハンガリーにいる者にしか分からない。わが国の駐東独大使館が予測できなかったとしても無理はない。

ブッシュ（父）大統領の沈黙

オール・ハンガリー国防次官の手紙をもらったときには、私はベルリンの壁崩壊をハンガリーの独自の動きや西ドイツや一部のＮＧＯの動きと位置づけていた。この段階で、米国の積極的関与については何の情報ももっていなかった。しかし後日、この動きの真の仕掛け人はブッシュ（父）大統領、ベーカー国務長官であることを知る。この点が今回記述したい点である。

米国の国家安全保障公文書館（National Security Archives）は一九九七年十月、ブッシュ（父）大統領とベーカー元国務長官にインタビューをしている。このインタビューをもとに構成すると次のようになる（「　」内はベーカーの発言）。

米国は「ソ連が依然として米国を破壊することができる唯一の国であり、この関係を正しくする」必要性を認識していた。同時に「ゴルバチョフ大統領とシェワルナゼ外相は〝自分たちはソ連帝国を維持するために武力を使わない。それはほんとうである〟といっていました」。

「一九八九年五月に、われわれはロシア指導者と面と向かって会談し、自分はシェワルナゼ外相と会談しました」

「自分は大統領にいま行動に出るべきだと進言し、大統領と私は、ソ連の意図をテストする必要があるという結論になりました」

「一九八九年の五月中旬にテストを開始しました」

「ロシア側の主張するペレストロイカ（情報の公開、議会の民主化、市場原理の導入、米国との協調を柱とする再建）が本物であるかを確かめる必要があった。もし帝国を維持するのに軍事力を使わないという明確な証拠があれば、彼らとビジネスできることが明らかになる」

ハンガリー政府は一九八九年五月二日から、ハンガリー・オーストリア間国境の有刺鉄線を除去しはじめる。ただし、この時点では国境を自然にまかせ、人工的なものを排除するだけと低姿勢を示している。

そして、ブッシュ（父）大統領とベーカー国務長官は、一九八九年七月十一日から十三日ハンガリーを訪問し、ここでハンガリー首相から国境から切り取られた有刺鉄線を受け取る。ブッシュ大統領は「自分は簡単に泣く。あのときも泣いた。有刺鉄線の一部をもらい、冷戦終結の象徴をもらって涙した」と述べている。

「冷戦終結の象徴」といっている。ブッシュ大統領は有刺鉄線の除去が冷戦終結につながることを認識している。ブッシュ大統領の涙は、第三者の涙ではない。この日、自分の手で冷戦終結の端緒を成し遂げたことで涙した。

ベーカー国務長官の説明を見れば、ロシアの真意を確かめる意図で、米国はハンガリーで動いた。そして、その動きがベルリンの壁の崩壊につながった。ブッシュ（息子）大統領であったら間違いなく、ベルリンの壁の崩壊の日にベルリンに飛び、「これは私が計画したものです」といったであろう。しかし、ブッシュ（父）大統領はこれを行なっていない。

リチャード・ゲッパート民主党下院院内総務は「ベルリンに行って学生と一緒にベルリンの壁の上で踊れ」とブッシュ（父）大統領にいったが、「米国大統領にとっていま最も馬鹿なことは、ベルリンの壁の上で踊り、ソ連軍とゴルバチョフの目に指を突き刺すことだ。彼らがどういう反応をするか分かったものではない」として極力自制したことを述べている。

ブッシュ（父）大統領はベルリンの壁の崩壊という大勝利を収めただけで、米国の果たした役割について口をつぐんだ。だから多くの人は気づかなかったのである。

この一連の動きは何を示しているか。

第一に、ベルリンの壁崩壊に至る動きは、ベルリンではなくハンガリー、別の地域の動きに大きく左右されていること。

第二に、米国がハンガリーでの動きを支援したのは、ゴルバチョフが今後どう動くかをテストする一環として行なわれたものであること。

第三に、ハンガリーが動けたのは米国の支援を確信したからであるが、米国自体の動きはまったく見えなかったこと。

第三の点は外から見えないだけに、とくに重要である。一九六一年十一月二十八日、CIA新本部落成式で、ケネディ大統領は「成功は人に告げられることなく、失敗はそれを告げざる人なし」と述べたが、CIA長官でもあったブッシュ（父）大統領は「成功は人に告げられることなし」のモラルをもっていた人物である。

「東欧で何かが起こる」を察知した岡崎久彦氏、「米国・ハンガリーの情報機関が異常な協力関係にある」を察知した渋谷治彦氏、いずれも事実の解明に迫っている。さすがに外務省で情報分野に秀でていると評判の二人の動きである。しかし、もし外務省がこの二人のリードを生かし、組織的に動けたなら、「ベルリンの壁の崩壊」の予測にいま一歩踏み込めたであろう。

ニクソン訪中とベトナム問題

戦後の外務省に最も衝撃を与えたのは、一九七一年七月十五日、ニクソン大統領が同盟国日本に対して十分な事前通告もなく、突然、訪中を発表したことであった。

この事件については、著書『日本外交 現場からの証言』に詳細に記述したが、ここでは情報という分野に限って記述したい。ただし、その前になぜ日本に衝撃を与えたかについて言及しておきたい。

この当時、外務省のなかも、自民党のなかも、中国をどう位置づけるかで、見解の対立があった。一方には「米国と同調して国連での代表権などで台湾を支持していくべきだ」という流れがある。他方に「中国を代表するのが台湾というのは現実に反する。大きな中国政府を承認すべきだ。かつ、それがいまや米国を除く世界の趨勢《すうせい》だ」という流れがある。

日本は中国政府を承認すべきだという認識が強かった。承認しない唯一の理由が「対米配慮」であった。それにもかかわらず、ニクソン大統領が訪中発表を日本に事前の打ち合わせなく実施したことにショックを受けたのである。そして強力な佐藤栄作政権の崩壊につながった。

「第三章　情報のマフィアに入れ」で見たロード元中国大使は一九七一年、キッシンジャーの北京秘密訪問、およびニクソン訪中に同行し、米中関係正常化で中心的役割を演じた人物である。

国家安全保障公文書館（National Security Archives）は、ロードとのインタビューを保存している。

「ニクソン大統領とキッシンジャーが、中国との関係を開くことが米国の利益であると考えたのにはいくつかの理由がある。第一に、共産圏と対処するのに従来はモスクワとだけで対応していたが、東欧諸国との関係を開くにつれ、北京とディール（取引き）するうえで外交的柔軟性をもつことが重要と考えた。また北京とモスクワが緊張をもっているのも明らかになった。第二に、中ソ間の地政学的競合を考慮すれば、ソ連との関係で、中国との関係を緩和することは米国に有利な梃子《てこ》を与える。したがって、ソ連要因は非常に重要であった」

「さらにわれわれはベトナム戦争の最中であった。この戦争は国際的に高価につき、米国社会を引き裂いていった。ニクソンにとっては、中国との関係を開くことによってベトナムとの交渉を成功させるのに協力を得られるかもしれないと思えた。簡単にいえば、ベトナムの擁護者《ようごしゃ》である北京とモスクワとの関係をもてれば、ベトナムを孤立化させ、彼らに交渉のテーブルで圧力をかけることができるであろう」

「最後に貿易の可能性、さらには数十年先に中国とより広範な関係を築けると思った。

「これが中国との関係を開いた理由である」

ロード元中国大使によれば、米中関係改善の動きのなかで、米中二国間の要因はさほど大きな比重を占めていない。最大の要因は当時、米国の安全保障の関係で最大の懸念であるソ連との関係である。さらに、米国が混迷に陥っていたベトナム戦争の解決との関係である。

外務省南東アジア一課の炯眼《けいがん》

ここで、日本では役所内の掟《おきて》が災いした。外務省を含め、役所では通常、主管課がある。案件の処理に責任をもつ課である。ここが「俺はこう思う」というと、他は動けない。先のニクソン訪中の問題で、いくら中国を真剣に見ていても、ここからニクソン訪中の予測は出てこない。しかし、当時外務省で米中接近を懸念していたグループがいた。当時、外務省でベトナムを担当していたのは、アジア局の南東アジア一課である。坂本重太郎《さかもとじゅうたろう》氏がこの課の首席事務官であった。彼や、ベトナムの専門官・井上吉三郎《いのうえきちさぶろう》氏は、米国の動きの異変に気づいた。

米国国内では、ベトナム戦争反対の機運が高まっていた。一九七二年の大統領選挙はすぐ目前に迫っていた。ニクソン大統領は選挙に強くない。民主党候補がニクソン大統領のベトナム政策を批判するのは明白だった。米国はいくつかの秘密チャネルでベトナム側と接触しはじめた。南東アジア一課は、ベトナム問題が動くと見た。中国はベトナム戦争で、武器、人員で北ベトナムを支援していた。この中国を和平支持に向かわせれば、ベトナム戦争の終結は可能である。

この時期、中国はソ連と中ソ紛争の最中である。中国のほうも米国と関係改善をすれば、ソ連に強く出られる。こうして、ベトナム戦争の視点からすれば、米国が中国に働きかける可能性は十分あった。ここに突然、「ピンポン外交」が生じた。一九七一年四月、中国は名古屋市での世界卓球選手権に参加、これは毛沢東《もうたくとう》の承認で実現したと見なされた。そして、その中国が世界選手権に出場した五カ国のチームを招待し、このなかにアメリカ・チームが含まれた。

ベトナムを担当していた南東アジア一課は、「米中接近が起こるのではないか」という極秘の文書を作成した。この文書は「卓球外交に始まった米中関係の推移を見極めつつ、場合によっては、捕虜問題を実質的な平和解決へ移行するための布石として利用するかもしれない」という文言を含んでいる。

この文書は明確に米中接近を警告した。長谷川和年《はせがわかずとし》アジア局地域政策課首席事務官ら数名は、この書類について協議した。外務省に入省して十五年弱の若手が危機感をもっている。ちょうどこの時期、駐米大使館で政治分野を担当していた人物が一時帰国した。坂本氏らは、自分たちの懸念を伝える。しかし、「米中接近はありえない」と一喝《いっかつ》される。外務省では入省年次が重視される。駐米大使館で政治担当をしていた人物は、坂本氏らよりもはるかに年次の高い人物であった。

坂本氏らは、この文書を省内幹部に示し警告を出そうとするが、中国課の反対にあう。「この文書をアジア局の外に持ち出すことはまかりならぬ」との厳しい指示を受ける。米中関係の責任をもつのは、駐米日本大使館であり、本省では中国課である。このグループは、「ベトナム戦争の解決のために米中接近があるかもしれない」という警告を撥《は》ね退《の》けた。それだけでなく、省内の幹部に知らせることも禁じた。

将来、外務省が情報公開しても、この文書は出てこない。外務省が自己の歴史を語るときに、この文書について言及することはない。この文書は日の目を見ない幻の文書である。しかし、米中接近を予測したグループが存在したことは事実である。

外務本省のなかに、この動きがあったことを見た。しかし、範囲を在外公館まで広げると、米中接近への警告を鳴らした人物は他にもいた。代表的人物は、岡田晃《おかだあきら》香港総領事（当時）であった。一九七〇年アジア・太平洋大使会議で、外務大臣が次の総括を行なっている。

「アメリカが対中国関係において日本を飛び越えて何かをやるということがよくいわれるが、これは絶対ないと思う」

この表現は逆に、このアジア・太平洋大使会議で根強い懸念が表明されたことを示している。

外務省全体として米中接近を予測できなかった教訓は何か。「まず大国（米国）の優先順位を知れ、地域がこれにどう当てはまる？」である。

ニクソン大統領の優先順位が何であるかを考えれば、正解は出た。しかし、主管課の見る視点は、あくまでも米中関係が主体である。ここにはどうしても動かさなければならない理由は存在しなかった。

若手グループは警告を発しようとした。しかし、押さえつけられた。そしてこの動きの三カ月後の一九七一年七月十五日、ニクソン大統領の訪中発表があった。外務省は情報不足を非難された。佐藤政権は急速に国内支持基盤を失った。

しかし、ニクソン政権の頭越しの可能性はまだ残っていた。ベトナム戦争終結の動きである。外務省は米国が複数ルートでベトナムと接触していることを察知した。このままでいくと、ベトナム戦争終結についても突然発表があるかもしれない。

「二度も米国に馬鹿にされてたまるか」。南東アジア一課のグループは、ベトナムとの直接ルートを探した。

当時、米国がベトナムと接触していたのはパリである。中山賀博《なかやまよしひろ》駐仏大使、本野盛幸《もとのもりゆき》公使がベトナムとの交渉窓口を樹立した。三宅和助《みやけわすけ》南東アジア第一課長を極秘にベトナムに派遣することが決定された。一九七二年一月、ベトナムから入国を認める連絡が来た。日本側はこの状況を米国に通知した。そのとき、キッシンジャー筋は次の連絡をよこした。

「ハノイに入るのは勝手である。しかし、米国は北爆を再開する可能性があることを念頭においてほしい」

ハノイ訪問中に北爆を再開するかもしれませんよ、その際には身の安全を保証しないですよ、と脅《おど》しをかけてきたのである。日本には教えない。独自に動けば脅す。これが日本の政財界が指南役として頼っているキッシンジャーの一九七一年、七二年時の動きである。

イスラム革命の闇

戦後の歴史のなかで、まだ全貌が摑《つか》めていないものに、イランのイスラム革命がある。

イスラム革命は通常、次のように説明されている（いくつかの説明を取りまとめたもの）。

「国王シャーは一九六三年に農地改革、森林国有化、国営企業の民営化、婦人参政権、識字率の向上などを盛り込んだ〝白色革命〟を宣言し、上からの近代改革を推し進めた。しかし、この〝白色革命〟は社会、とくに農村部の矛盾を生み出した。シャーはこの〝白色革命〟を推進するにあたり、自分の意向に反対する人々を秘密警察によって弾圧して近代化を推し進めた。これに対して、宗教界、バザール商人をはじめ、右派から左派まで、国民はシャー打倒に動き、国民の反対は盛り上がり、一九七九年一月十六日、シャーは国外に出た」

このイスラム革命も、外務省が予測できなかったものである。

石油価格の高騰を反映し、イランは近代化の道を歩んだ。シャーは世界の五大大国の仲間入りを宣言した。外務省も、民間企業も、イランを中東の拠点と位置づけた。一九七八年九月、福田赳夫《ふくだたけお》総理はイラン訪問を行なっている。

日本企業もイランに積極的に進出した。代表的なものが石油化学である。一九七三年四月、日本側投資会社イラン化学開発（三井物産、東洋曹達、三井東圧などが出資）とイラン国営石油化学、おのおのの出資によってイラン・ジャパン石油化学（ＩＪＰＣ）が設立された。一九七八年末には工事は八五％の完成を見ていたが、七九年一月のイスラム革命で、日本人は追い出されるかたちで総引き揚げし、建設工事は中断した。

このＩＪＰＣプロジェクトの失敗は、三井物産の経営を長年にわたり苦しめた。福田赳夫総理のイラン訪問のときには、三井物産の工作によりＩＪＰＣ工場の上空を飛行し、これがのちの政府出資につながっている。

イランにおけるイスラム革命は、多くの人にとって想定外の出来事であった。革命は通常、敗戦、金融危機など深刻な状況が先行し、革命に移行する。イランでは、近代化し、多大の財政支援を受けた強力な軍と治安警察が存在していた。しかし、あっけなくシャー体制が崩壊した。このとき、軍と治安警察はなぜ動かなかったのか。

私はソ連やイラン・イラクという「悪」の国々に勤務した。ここで思い知らされたことは、人間は物理的な力に弱いことである。軍や治安警察が前面に出て弾圧を行なえば、これに抗することは基本的に不可能である。二〇〇九年六月、イランでは大統領選挙の不正を契機に、デモなどで民衆が立ち上がったが、治安部隊の強硬姿勢の前に大事件に発展していない。では、どうして一九七九年に、強力な軍と治安警察の存在するイランで「イスラム革命」が成功したかである。

大使としてイランに赴任した直後に、私はパーティーに出ていた。一人の男が私に近寄ってきて、

「革命前、米国のサリバン大使が離任挨拶にイラン首相を訪れた。お土産にフクロウの置物を渡して、『誰が敵か分からない。思いがけない人が敵かもしれません。よく周りを見なさい』といって去った。大使、サリバン大使の発言が何を意味するか分かりますか」

と謎かけをして去った。着任早々なので、誰だったか分からない。彼がなぜ私にこのセリフを吐いたかも分からない。

二〇〇八年六月、私はイラン外務省付属研究機関のセミナーに参加するため、テヘランに出かけた。元駐イラン中国大使が、この会議に出席していた。彼は一九七九年イスラム革命のとき、中国大使館で勤務していた。彼にサリバン駐イラン大使のエピソードを話した。途端に彼は身を乗り出した。彼の説明は次のとおりである。

①米国は途中でイラン国王を追放する方向に動きはじめた。

②米国はイスラム革命の前にパリでホメイニと会い、両者のあいだで合意がなされている。米国は、米国の強い影響下にあるイラン軍部が国王追い落とし運動の弾圧に参画しないことを約束した。

③一九八一年出版のサリバン大使の自叙伝は、米国は国王に代わってイスラム政権が出現することを歓迎すると記述している。

④国王追放の約十日前、NATO司令官がテヘランを往訪し、まずイラン軍部と会合し、その後国王と会い、国王に十日以内にイランを去るよう命じた。

中国大使の説明を検証してみると、基本的に正しい。国王の国外脱出の前にホイザーNATO軍副総司令官はイランに入国し、まずイラン軍と調整し、その後国王に会い、国王の国外退去を既成事実として出国日程を検討している。彼は国王出国後も一週間程度、留まっている。

七九年一月六日、米英独仏首脳がフランスのグアドループに集まり、シャーの国外追放を承認した。

これに先立つ七八年十一月、ブレジンスキー国家安全保障問題担当大統領補佐官のもとでイラン特別チームの責任者であったジョージ・ボール元国務次官は、「ホメイニとの秘密裏の連絡チャネルを開くこと、シャーはすべての非軍事の権限を非軍事の連立政府に委ねなければならない」との報告を行なっている（「Happy New Year, April Fools!」By Mike Evans)。

また、インターネット情報サイトの「ストデーン・フォン・ツァイトフラーゲン（Studien Von Zeitfragen)」は、イランの宮廷長官ホウチャング・ナハヴァンディ著『最後のイラン国王』（The Last Shah of Iran）の抜粋を掲載している。そのなかには、元駐トルコ・イラン大使が一九七八年夏、トルコ政府高官の依頼を受けて国王に「米国がイランでのクーデタを計画している。このなかに宗教関係者が含まれている」と伝えたこと、仏情報機関の長アレクサンドル・ド・マレンチェ伯が自叙伝のなかで「国王に対して、米国で国王を排斥し後任を据えることに責任ある米国人の名前を知らせた。国王を排斥し、誰を後任にするかを協議する会合に出た」と記述していることが記載されている。

なぜ米国はシャーを見放したか

国王のもと、イランは強固な軍と情報機関（ＳＡＶＡＫ）をもっていた。ＳＡＶＡＫはイランに左派政権（石油の国有化を志向）が誕生し、これを西側情報機関が打倒し国王の政権を樹立したときに、CIAの支援を得て、国王体制を維持する目的で設立された。一九七八年からの国王放逐の動きのなかで、米国はイラン軍に静観を指示している。同様のことは、CIAからSAVAKに対しても行なわれたと見られる。

ではなぜ、米国はシャーを見放したか。いくつかの要因がある。

第一に、イラン国王は石油政策で独自路線を歩みはじめた。国王は石油価格の高騰を目指した。他方米国は、石油価格の高騰の影響で国内経済が不況にあえいでいた。

第二に、カーター大統領は、ソ連の脅威はなくなったとして、ソ連と戦うために容認していた独裁者を排除する方向に舵を切り替えている。この時期に、朴正熙韓国大統領が金載圭KCIA長官に暗殺されている。

第三に、米国は中東にイスラム勢力の拡大を望んだふしがある。

- カーター政権末期の安全保障問題担当大統領補佐官はブレジンスキーである。彼は対外政策決定に強い影響力をもっていた。
- このブレジンスキーはポーランド系移民で、対ソ強硬路線を主張していた。
- ブレジンスキーは、中東でイスラム勢力が拡大すれば、これに隣接する中央アジアなどでソ連のイスラム勢力に影響を与え、ソ連内部の混乱を招くとして、イスラム勢力の拡大を支援する方針を採用した。

- ブレジンスキーの考えのもとになったのは、バーナード・ルイス教授の考えである。この考えは七九年四月のビルダーバーグ会議で提言され、中東のバルカン化構想といわれた。ちなみにビルダーバーグ会議は、米欧主要政治家・経済人が参加する会議で、その顔ぶれから主要な国際政治の流れが決められるとまでいわれてきた。
- このブレジンスキーを支えたのが、ジョージ・ボール元国務次官である。彼はブレジンスキーのもと、国家安全保障会議内のイラン特別チームの責任者になり、国王追い落とし、イスラム勢力との提携を進言した。

こうしたいくつかの要素が合わさり、米国内で国王追放の政策が確立していったものと見られる。

重要なことは、世界の情勢を見るとき、「まず大国（米国）の優先順位を知れ、地域がこれにどう当てはまる?」を考えてみることである。地域情勢から見て、大国の意図を見抜けないと、大きな情勢判断のミスを犯す。

イラン国王の崩壊の過程を見た。米国がかつて支持をし、見切りをつけた指導者には、他に南ベトナム政権のゴ・ディン・ジエム大統領がいる。イラクのサダム・フセイン大統領もこの範疇に入る。吉田《よしだ》茂《しげる》総理もそうであろう。こうした人々の扱いを見ると、一つのパターンが見えてくる。

(1)ある時期、何らかの理由（共産主義と戦う、この国の隣国と戦う）で重用した指導者であっても、この理由が消滅し、この指導者の存続が米国の利益にマイナスであると判断したときには、支持を止め、交代を模索する。
(2)彼の支持基盤には、米国の支持が消滅したことを伝える。かつ、この指導者の追放運動に加担しても米国自身はこれを咎《とが》めないことを伝える。
(3)指導者追放においては、大衆運動、マスコミ、軍や治安機関などを積極的に動かす。その際、資金提供を行ない、側面的支援をする。
(4)指導者の交代後の新たな指導者選びに関しては、積極的に関与していない場合が多い。したがって最終的に見ると、指導者の交代、新たな政権の誕生が米国の利益に反する結果を招くことがしばしば生ずる。

この原則で眺めてみると、新たに見えるものが多々ある。

世界の多くの指導者が対米関係で失敗するのは、自分をあれだけ重用したではないか、自分は米国の利益に大変な貢献をした、だから米国は自分を切ることはない、との思い込みである。

米国とのディール（取引き）は、それが米国大統領とであっても、米国の一個人とのディールである。同じポストを引き継いだ人は、前任者のディールに縛られる義務は感じない。彼には白紙の委任がある。この点が、多くの非米国人が誤解する点である。

第五章

十五秒で話せ、一枚で報告せよ

伝達こそ情報の核

情勢分析は分析で終了するのではない。情報は政策に反映させることを目的とする。政策に反映できなければ意味がない。

情報を論ずるとき、多くの場合「どう情報を収集するか」や「どう分析するか」が主題となる。しかし、「どう伝えるか」は、それに劣らず重要である。

外交では総理官邸、外務大臣、次官、外務審議官、局長が政策決定に関与する。情報がこのレベルに達しなければ、死んだ情報となる。

政策決定に従事する人は多忙である。根回し、協議、説明で時間がない。個人で高いレベルの国際情勢分析を行なうのは難しい。私は分析課長として就任したとき、情報をいかに伝えるかを最も重視した。各大使館がさまざまなレベルで情報を入手し、分析している。この伝達のシステムづくりが自分の仕事と位置づけた。

私は総理大臣に口頭で説明をしたこともある。外務大臣に説明したこともある。外務省の幹部に説明したこともある。ときに経済界の方々に情勢分析を説明することもある。任国の大統領と話したこともある。こうした口頭説明を通じ、得た教訓は「十五秒で話せ」である。一番大事なことを、まず十五秒で話し切ることである。

情勢分析を真剣に行なってきている人ほど、自分の分析に自負心がある。「この情報は、いままでにない情報である」「国際情勢を語るなら、この分析は必ず知らねばならない」と思う。最低十分、少なくとも十五分くらい必要だという気持ちがある。一つのテーマで四十五分講演しても、十分な説明はできなかったと思う。それは事実である。しかし、それにもかかわらず、出だしは「十五秒で話せ」である。

私は二〇〇二年に防衛大学校教授になってから、イランの核問題や英国のテロ事件でテレビの取材を受けた。通常、取材は一時間くらいになる。それで翌日テレビを見ると、私が話している時間はたった十五秒ほどである。話したことのほとんどが削除されている。では、いいたいことが出てないかというと、そうでもない。最も重要であると見られる部分はちゃんと十五秒に入っている。十五秒はけっして短い時間ではない。

「十五秒で話せ」をある会合で述べたら、セミプロ的に歌う人が「息継ぎなしで歌えるのは十五秒」という。走る人が「そう、一〇〇メートルは一息で走れるが二〇〇では息継ぎが必要」という。小学校の先生は、「子供が集中して聴けるのはやはり十五秒程度」と話された。聞き手も集中できるのは十五秒である。この間に引きつけられるか否かが勝負である。

まず最も売り込みたいポイントを十五秒で述べる。それで聞き手が反応したら、また十五秒ほどで話す。この繰り返しであろう。

たしか、一九八二、三年ごろである。外務省の大臣官房が外務省若手のために、当時国会議員ではまだ若手で、かつ外務省出身の加藤紘一《かとうこういち》議員に、「国会議員から見た外務省」の話を依頼したことがある。このとき、加藤紘一議員は苦言を呈した。

「君たちの議員への説明は長い。通常、公務員が国会議員に説明するときの許容時間は長くて三十秒だ。これ以上喋《しゃべ》っていれば怒声がくる。しかし、大蔵省の人間と外務省の人間は平気で長く説明している。先方は我慢して聞いているが、じつはイライラしている」

会議でも真っ先に「×《ばつ》」がつくのは、内容が貧弱なときではない。説明が長いときである。不幸なことに、説明の長い人は、自分の説明には内容があるからと思い、とっくに「×」がついていることを理解しない。

米国大統領のブリーフィング・ペーパー

情報分析の伝達で口頭報告の機会がそう多くあるわけではない。中心になるのは文書である。口頭報告で「十五秒で話せ」なら、文書では一枚である。私が分析課長として手がけた情報伝達システムは一日一件、一ページで説明する「日報」の作成である。

一九八五年ハーバード大学でのアリソン教授の授業は、毎回、課題を一枚の紙にまとめて提出することが義務であった。アリソン教授は講義の初日、「大統領への分析ペーパーは通常、毎日一枚だ。その訓練をする」と説明した。

一九八四年当時、私が取りかかろうとしていたのは、まさに米国大統領への日々のブリーフィング、「President's Daily Brief（ＰＤＢ）」の日本版だったのである。

外務大臣、次官を一番の読み手にすることを目標にした。官邸にも送付した。当時の外務大臣は安倍晋太郎氏であった。これらの要人は多忙である。情報の吸収は有益であると分かっても、急ぎの用は他に多々ある。情報に関しては一日一枚、手にするのが限度である。一枚読む時間もない。したがって、この一枚の紙も「要旨」から始めた。二〇〇字程度である。この出来不出来で、読んでもらえるか否かが決まる。その後は、事件の概要、背景説明、今後の展望を書いた。私が分析課長として最も力を入れたのは、日々の案件の選定と、二〇〇字ほどの要旨作成である。

米国では今日、いろいろなウェブサイトがある。このうちＳＷＯＯＰは、ＣＩＡの元情報分析官等が運営している。『ワシントン・ポスト』紙が「素晴らしい情報源をもった外交政策ウェブサイト（well sourced foreign policy website）」と評価し、英国『デイリー・テレグラフ』紙が「素晴らしく情報源に喰い込んだウェブサイト（a remarkably well-plugged-in website）」との評価を記載している。「remarkably well-plugged-in」が重要である。「第三章 情報のマフィアに入れ」の視点で見て、このウェブサイトは価値がある。かつて知り合った外国の情報関係者が「ここを読め」と教えてくれた。たしかに見る価値がある。

この記述の一部を見てみよう。

「ワシントンから見た世界」二〇〇九年三月三十日〜四月五日

オバマ大統領就任からわずか二カ月。ワシントン政界では、支持基盤の民主党を含む各方面から、大統領の力量について疑問の声が上がりはじめている。先週お伝えしたように、ティム・ガイトナー財務長官が指導力を発揮できなかったことは周知の事実だ。

しかし今週、大統領への逆風が少し弱まった。オバマ大統領の人気は徐々に下降しており、予算案も米議会による厳しい批判にさらされているものの、米政府は経済回復政策を支持しつづける構えだ。…（中略）…非公式レベルで財務省職員らが明かすところによると、急速な財政赤字、主要銀行破産の可能性、自動車産業、消費者信頼感指数の落ち込み、失業率増加など、多くの重要問題について解決の糸口が見えない状態だという。…（中略）…国務省職員らはさらに、次期イスラエル政府は、パレスチナとの和平プロセスに対するタカ派的態度を改めるように、との米政府からのメッセージを深刻に受け止めているという。NATOサミットに関して、ペンタゴン職員らは本誌との非公式な対話で、アフガニスタンとロシアをめぐる緊張を緩和することができて満足していると語った。

上の情報は少なくとも財務省職員、国務省職員、国防省職員、ワシントン政界に取材源をもっている。私たちは新しい時代に入った。何らかの役職に就いていて、「情報のマフィア」に入れれば素晴らしい。しかし今日、溢れるインターネット情報の何を利用するかが分かりさえすれば、「情報のマフィア」の準構成員程度の情報は、誰もが入手できる時代に入っている。

一九七〇年八月、ワシントンD.C.

大統領への情報提供は歴史とともに変化している。一九七〇年代は各国情勢を羅列する形式をとっていた。昔のＰＤＢを見てみよう。

「President's Daily Brief（ＰＤＢ）」

メモランダム

　　ホワイトハウス　　　　　　情報　七〇年八月二十二日

極秘　機密

大統領へのメモ

キッシンジャーより

テーマ：早朝ブリーフィング

・ベトナム軍事動向　―（略）

・パリ会談（ベトナム関連）　―（略）

・ベトナム政治情勢　―（略）

・モスク（イエルサレム）襲撃は緊張高める可能性　―（略）

・ブレジネフとフサク・スボボダ（チェコ）会談　―（略）　等

・共産中国

香港総領事は中国との外交推進において、関係改善の新しい機会につながるかもしれない新しい機動性について報告してきました。この兆候はジュネーブにおける赤十字への支払いと、ある実業家による中国旅行に関するアプローチです。…（中略）…（これに対して、ニクソン大統領の中国との接触再開についての示唆が手書きで記載）

「第四章　まず大国（米国）の優先順位を知れ」で、一九七一年七月十五日、ニクソン大統領が日本の頭越しに訪中発表を行なったことを見た。このPDBは一九七〇年八月二十二日である。ニクソン大統領は、発表の約一年前に、対中接近を指示している。

なお、ニクソン訪中発表前、米中接近に懸念を表明していた人に、岡田晃香港総領事（当時）がいたことを見た。彼は香港にいて何かを感じ取っていたのであろう。別のPDBを見てみたい。

メモランダム
ホワイトハウス　情報　七〇年九月十二日
極秘　機密

大統領へのメモ
キッシンジャーより
テーマ：中国との接触
九月七日日報における共産中国の活動に関し、貴方はパリにおける中国へのわれわれのチャネル接触を再度試みることを示唆しました。
貴方が示唆したように、われわれの対中国提案が用意されています。別添は六月十六日付ウォルターズ将軍宛ての写しで、これはまだ先方に伝達していません。…（中略）…数週間前、彼はわれわれ（米国）の政府より貴（中国）政府への重要なメッセージがあるだろうと、中国の接触先に伝える機会がありました。彼は自国政府に伝達する旨述べました。九月七日、パキスタン大使館レセプションでメッセージをもっている旨伝えました。彼は政府に伝達すると述べました。われわれは本年初めからオランダを通して中国とのチャネルを開くことを試みてきました。しかし、私はもし成功するなら、それはパリのチャネルと信じます。
この時点で中国との接触を確立するのは有益という点に同意します。われわれは明確なシグナルを送りました。われわれは待ち、先方が応ずる用意があるかを見るほかに選択はありません。

米中が接触しているのは、パリのパキスタン大使館でのレセプションである。不特定多数が集う社交の場が接触の重要拠点となっている。ニクソン訪中発表の一年弱前、米国は着実に中国との接点をつくっている。

第六章

スパイより盗聴

――ミッドウェー海戦（一九四二年）

米国のミッドウェー海戦勝利の要因

私は情報調査部分析課長や国際情報局長時代、予算や人員増に関わった。日本の予算は、まず前年度予算との比較から始まる。しかし、このパイがあまりに小さい。いくら頑張っても数パーセント確保するのが精一杯である。しかし、抜本的に考える必要をつねに痛感していた。

米国は情報関係にいくらの予算を使っているのであろうか。またどれくらいの陣容を擁《よう》しているのであろうか。長いあいだ秘密であったが、二〇〇七年十月三十一日付『ニューヨーク・タイムズ』紙はこの数字を発表した。

その前に、外務省予算と定員を見てみたい。二〇〇七年度外務省予算は六七〇九億円、定員は五五〇四人である。

米国一六機関の情報活動の予算は、軍関係を除き、総額五〇〇億ドル（約五兆円）、人員一〇万人、うちＣＩＡは約二七〇億ドルである。米国の情報関係予算は、軍関係を除いても、日本の外務省予算の一〇倍弱にのぼる。

この米国の情報機関の中心になっているのがＣＩＡである。世界最強の情報機関といってよい。しかし、米国国家安全保障局（ＮＳＡ）はＣＩＡの上をゆく。元国家安全保障局長官がＣＩＡを「ＣＩＡは首相の机からメモを盗み出すことはできるが、それ以上は能力がない」と批判した。米国国家安全保障局の雇用者数は約三万人、規模・予算ではＣＩＡの三倍以上ともいわれている。

国家安全保障局の主たる任務は盗聴である。国家安全保障局がこれだけ大きな規模になり、ＣＩＡに威張れるのは、何といっても第二次大戦、とくに日本軍との戦いである。米軍が日本軍に対して比較的容易に勝利したのは、盗聴のおかげである。対日戦争では盗聴が決定的役割を果たした。元ＣＩＡ長官アレン・ダレスは『諜報の技術』で次のように記述している。

第一次大戦中に国防省の下でアメリカによる最初の真剣な暗号解読が行なわれた。正式には軍事情報第八課と呼ばれたが、この課は自らをブラック・チェンバーと呼ぶのを好んだ。……第一次大戦後におけるブラック・チェンバーの卓越した功績の一つは日本の外交暗号を解読したことである。一九二一年のワシントン軍縮交渉の際、アメリカはどうしても日本に一〇対六の海軍比率を合意させたかった。日本側は会議に出席し、一〇対七の比率を固守する意向であると声明した。……ブラック・チェンバーがワシントン・東京間の日本の外交通信を解読した結果、日本側はもしアメリカがその立場を固守するならば、アメリカ側の希望する比率まで実際譲歩する用意があることがアメリカ政府に明らかになった。そこでわれわれは本件に関し会議を決裂させる危険を伴うことなく、われわれの立場を押し通すことができた。

さらに衝撃的なのは、米国の傍受が日米戦争の帰趨《きすう》に大きな影響を与えていることである。日米海上戦では、ミッドウェー海戦がその後の展開に大きな影響を与えた。ミッドウェー海戦はそもそも、ミッドウェー島を攻略することにより、米艦隊とくに空母部隊を誘出、これを捕捉撃滅することを目的とした。この作戦を強引に主張したのは山本五十六《やまもといそろく》である。しかし、米国は盗聴で日本軍の動きを完全に把握していた。

この海戦で失ったのは、アメリカ側が航空母艦一隻。日本側は主力航空母艦四隻とその全艦載機という、日本側の散々な状況に至った。この結果、日本が優勢であった空母戦力は均衡し、以後は米側が圧倒していくこととなる。この点についてアレン・ダレスは次のように記述している。

米国陸海軍は、次にもし戦争が起こる場合には、敵は日本となる可能性を予見して、とくに日本に重点を置いて一九二〇年代終わりごろより、暗号解読に取り組みはじめていた。真珠湾攻撃があった一九四一年ごろまでに、米国の暗号解読者たちは日本海軍および外務省の重要暗号のほとんどを解読していた。結果としてアメリカは、太平洋作戦で次の日本の作戦の証拠をしばしば事前に入手していた。

太平洋における海軍戦の帰趨を決した一九四二年六月のミッドウェー海戦は、解読した日本側の通信から日本帝国海軍の主要機動部隊がミッドウェーに集結中と分かったので、われわれが行なった戦闘であった。敵艦隊の配置、および大きさに関するこの情報は、米国海軍に予期せぬ利益をもたらした。

日米開戦後における重要な問題は、アメリカが日本側の暗号を解読するのに成功した事実をいかに隠し通すかであった。ときどきこの事実が漏《も》れたが、日本側は明らかにまったくこれに気がつかなかった。

別のデータも併せて見てみよう。米国は一九二一年「帝国海軍秘密作戦コード」を入手、一九二六年にこの翻訳を完了させ、「赤本（Red Book）」と命名されて、米海軍通信部長に送られる。ワシントンに解読用の学校が設立される。一九三〇年、グアム基地が、日本海軍が翌年の満州攻撃を支援するための大々的準備作戦を行なっていることを把握する。太平洋艦隊司令官の管轄下、フィリピンに対日暗号解読センターが設立される。一九三九年、日本海軍はきわめて高度な暗号システムに変更する。しかし一九四二年三月十六日、解読に成功する。

以降、日本海軍の動きはすべて把握される。日本側は一九三九年の暗号システムがきわめて高度であったために、解読は不可能と信じ込んだ。デュアン・ウィットロックは「日本海軍に対する静かな戦争（The Silent War against the Japanese Navy）」のなかで、「海戦の歴史のなかで戦略的戦術的に最大の成果をもたらした盗聴システムは二十年以上の努力によって構築されたものであり、戦争を短縮させ、多くの（米軍）兵士を救い、結果として多大な財政負担を軽減した」と記している。

米国は歴史から、盗聴システムの重要性を認識している。国家安全保障局が雇用者数は約三万人、規模・予算ではCIAの三倍を使う理由がある。しかし、日本では第二次大戦で盗聴が致命的役割を果たしたとの認識はない。ミッドウェー海戦の戦史を開いても、盗聴が決定的役割を演じた部分にはさしたる言及がない。

日本では、盗聴は米軍との協力関連分野や防諜分野で強い。しかし、それ以外の分野では、国際的にはきわめて弱い。

ロスチャイルド家の大儲け

このアレン・ダレス元CIA長官は、自著『諜報の技術』の第一章を「成功の衆に出づる所以《ゆえん》の者は、先知《せんち》なり」という孫子の引用から始めている。ミッドウェー海戦に関するダレスの記述を見ると、彼が孫子を引用したくなるのも十分分かる。

孫子はさらに、「而《しか》るに爵禄・百金を愛《おし》んで敵の情を知らざる者は、不仁の至りなり。人の将に非《あら》ざるなり。主の佐《さ》に非ざるなり。勝の主に非ざるなり」として、情報分野を軽視する者は「民衆を統率する将軍とはいえず、君主の補佐役ともいえず、勝利の主宰者ともいえない」としている。しかし、残念ながら日本は、情報の分野を最も軽視してきた。国際社会での戦いで勝利の主宰者になりえない。そもそも今日日本では、安全保障や外交で「勝利を得るには……」の発想すらないのではないか。

組織のなかにあって、情報に金を惜しむな、人を大事にせよ、と述べても、なかなか聞き入れてもらえない。ダレス元CIA長官も、情報の価値を説得することに最もエネルギーを費やしたのではないか。彼は自分たちより劣った日本に勝った話だけしていても駄目と悟ったのであろう。同胞に勝つ話も出てくる。

ロスチャイルド家の富が増すにつれ、政府よりも早く重大情報を手に入れることもしばしばであった。一八一五年、全ヨーロッパがワーテルローの戦いの結果を待ちあぐねているとき、ロンドンにあるロスチャイルドはすでにイギリス軍の勝利を知っていた。彼はその報を受けるや、まずイギリス政府証券を売りに出して証券市場価格を下落させ、彼の一挙一動を見守っていた人々はイギリス軍が敗北したと結論してこれに倣《なら》い、価格の低落を見て今度は買いに転じたのであり、勝利の報が知れ渡ったころには、政府証券は天井知らずのありさまになったのである。

エリツィン革命の舞台裏

冷戦を終結させるなかでも、盗聴は重要な役割を演じている。

冷戦終結の重要な事件は、一九九一年八月十九日の守旧派クーデタ失敗と、それにともなうエリツィンの権力基盤増大である。この動きのなかで、米国の傍受情報が貴重な役割を演じている。

「第二章　現場に行け、現場に聞け」で、私が一九六八年モスクワ大学経済学部経営研究所で社会主義市場経済を学ぼうとしたが、チェコ事件を契機に本が撤収され学べなかったことを述べた。このときの研究所所長はポポフであった。このポポフが、一九九一年から一九九二年、モスクワ市長として改革派の代表的人物になる。彼はソ連解体のきっかけになるゴルバチョフ軟禁、保守派クーデタの失敗前、保守派がクーデタを起こす可能性を米国側に通報している。したがってこの時期、米国はきわめて高い確率で、保守派のクーデタを警戒している。

一九九一年八月十九日、ヤナーエフ副大統領、クリュチコフKGB議長、プーゴ内相、ヤゾフ国防相ら守旧派が、ゴルバチョフ大統領に対してクーデタを起こした。これに対してエリツィン・ロシア共和国大統領が「クーデタは違憲」として立ち上がり、ソ連崩壊につながる。

エリツィンと支持グループは、ロシア共和国最高会議ビルに立て籠り、軍がこれを取り囲み、この攻防がソ連の動向の鍵を握った。このとき、米国は守旧派の会話の盗聴を行なっている。米国はこの情報をエリツィン側に提供した。守旧派の力が弱いことを知り、エリツィンは強い姿勢をとった。エリツィンに提供された盗聴情報が、守旧派のクーデタ失敗に貢献している。この間の事情について http://dic.academic.ru/dic.nsf/enwiki/384647 は次のように記している（筆者抄訳）。

クリュチコフKGB議長とヤゾフ国防相からソ連各地における軍事拠点への交信を、米国NSA（国家安全保障局）は成功裏に傍受し、本情報はブッシュ（父）大統領が入手しうる情報となった。この情報に基づけば、クーデタに対する軍部の支援がほとんどないことを示していた。ブッシュ大統領はこの情報をエリツィンに提供するという前例にない決定をした。在モスクワ米国大使館の交信専門家は、エリツィンが軍の指導者たちと連絡を確保できる措置をとるよう指示を受けた。米国NSAは、エリツィンに盗聴の情報を提供すれば、将来ロシア軍の通信を傍受するのに悪影響を与えると、ブッシュ大統領の決定に反対した。しかし、ブッシュ大統領にとっての最高の優先順位はクーデタを阻止することであった。

米国がソ連要人の動向を詳細に知るのは少し前である。一九七九年、米国はソ連の指導者がリムジンに乗り、そこからする電話の盗聴に成功している（二〇〇一年四月二十九日付『ニユーヨーク・タイムズ』紙報道)。私は一九七九年当時、モスクワの大使館にいたが、この時期は、次第にソ連が米国に抑え込まれていく時期である。

欧州正面に中距離弾道弾を配備する動きがある。ソ連はアフガニスタンに軍事介入していく。モスクワ・オリンピックがボイコットされる。ソ連をどんどん追い詰めている。こうした時期は、ソ連の反応が気がかりであるが、盗聴ができていたとなると、米国は自信をもって動けた。

こうした盗聴の情報をもとに一九九一年八月のエリツィン革命を見ると、違った像が見えてくる。エリツィンは一九八九年九月、米国を八日間訪問している。ここでエリツィンは「共産党はたんなるアイディアにすぎず、空に描いたパイのようなもの。ゴルバチョフの改革は死んだも同然。一年以内に下からの革命が起こるだろう」と述べている。

一九八九年十月二十日付『ニューヨーク・タイムズ』紙は「さらば、グラスノスチ(Goodbye to Glasnost)」と題し、「ゴルバチョフよさらば、エリツィンどうぞ」とする論文を掲載した。執筆者がニクソン大統領のスピーチ・ライターを務めたウィリアム・サファイアである。この論文はたぶん、ブッシュ政権の考え方を反映している。

この時期、ブッシュ政権はゴルバチョフ政権に対して、野党（エリツィン）と接触することを告げている。米国はゴルバチョフ政権を転覆させる意図はもっていない。しかし、ベルリンの壁の崩壊に象徴されるごとく、ソ連は大きく後退し、軍ないし守旧派の反撃の可能性を十分予測していた。モスクワでは一九九一年春には、守旧派により反ゴルバチョフ政権のクーデタが囁《ささや》かれていた。米国は、ゴルバチョフでは守旧派に押し切られる可能性を懸念していた。その際にはエリツィンに乗り替えることを考えていたであろう。それが、サファイアの「ゴルバチョフよさらば、エリツィンどうぞ」の論評となっている。

一九八九年のエリツィン訪米以降、米国とエリツィンはそうとう緊密な連絡をとっていたにちがいない。一九八九年九月、エリツィンは米国訪問中、誰と何を詰めたか。

サファイアの論評を見ると、エリツィン政権は偶然にできたものではない。ブッシュ（父）大統領の「成功は人に告げられることなし」が働いている。いつの日か、冷戦を終結させた男、ブッシュ（父）大統領の再評価をする必要がある。

日本の傍受能力

では、日本は情報傍受にどう取り組んでいるのであろうか。いつ、いかなるものと具体的に言及できないが、私個人も中国やソ連の交信内容を見たことがある。傍受体制がどのくらいの能力をもっているかは、ある日突然、表に出てくる。

一九八三年九月一日、大韓航空ボーイング747がソビエト連邦領空を侵犯し、ソ連防空軍の戦闘機により撃墜された。この事件で乗員乗客合わせて二六九人全員が死亡した。ここで、自衛隊のもつ情報収集能力がきわめて高いことが証明された。

稚内《わっかない》の航空自衛隊が、レーダーで大韓航空機の動きを捕捉していた。陸上幕僚監部調査第二部別室が、撃墜に向かったソ連機と地上の交信を捕らえていた。それだけでなく、聞き取りにくいロシア語を埋め合わせ、ソ連側が利用していた簡単な暗号も解読していた。

これが表に出たのは、国連安全保障理事会での議論を通じてである。当初ソ連は「自分たちは何も知らない」との立場であったが、九月六日、国連安全保障理事会で、ソ連軍機の傍受テープに英語とロシア語のテロップをつけたビデオが、各国の国連大使に向けて公開された。政府は昭和六十年（一九八五）七月二十三日、国会の質問主意書に対する答弁書で、「昭和五十八年九月七日（日本時間）の国連安全保障理事会の会合で公表された交信記録（英文）及び米国が同日の安全保障理事会の会合後配布したオーディオ・カセットは、我が国が収集した交信記録のテープに基づき米国政府が作成したものである」と回答している。

傍受は依然、貴重な役割を演じている。二〇〇九年、北朝鮮では金正日総書記の健康悪化で後継者問題が注目された。今後、北朝鮮内部では権力闘争が起こっていくと見られるが、ここでも傍受が役割を演じている。米国のテレビ局FOX NEWSは六月十二日、「米国情報機関は電子監視および手に入れた書類により、金正日は金正雲（恩）を後継者として指名したと確認した」と報じた。日本の自衛隊はこの傍受に成功しているだろうか。

ソ連は一九八三年の段階で、日本など西側が傍受していることを知っていながら、クーデタのときにも軍内の交信が傍受されていた。傍受されていると知っても、なかなか対応措置がとれない。

今日も傍受は、情報収集のうえで貴重な役割を演じている。日本でも永田町の各政党要人事務所の周辺では、傍受電波が飛び交っている。

日本独自の情報衛星を保有せよ

傍受と並んで重要な役割を担うのが、画像情報である。今日グーグル（Google）の航空写真を見れば、世界各地がきわめて詳細に見える。私はときどきバグダッドの市街図を見る。テレビや新聞報道で見ると、バグダッドの市街は戦闘で荒廃している印象を受けるが、私たちが住んでいた地域一帯の建物は、ほとんどすべてが無傷で残っている。バグダッドのイラク人がこんなことを連絡してくれた。

「じつは今度のイラク戦争では、米国の空爆はそんなに恐れなかった。米国の空爆は数センチの誤差しかなくて目標を捕らえている。間違って殺されることはない。怖かったのはむしろ、イラン・イラク戦争のときのイランのミサイルだった。誰もどこに落ちてくるか知らない」

バグダッド市街地ですら、そんなに荒廃していない。イラクは政治的に安定すれば、一気に地域の大国になりうる余地をもっている。こうした感覚は活字情報では出てこない。グーグルの航空写真のおかげである。

日本独自の情報衛星保持は、外務省では一九九〇年代に検討され、私が国際情報局長に就任したときには具体的な案が存在した。光学センサーを搭載し画像を撮影する光学衛星二機と、合成開口レーダーによって画像を取得するレーダー衛星の二機でペアを組み、二組四機で運用する構想である。ここに一九九八年八月三十一日、北朝鮮がテポドン一号のミサイル発射実験を行なった。このミサイルは日本上空を通過し、日本国中が騒然とした。このとき防衛庁をはじめ、政府の状況説明が曖昧で、非難が集中した。

これを受けて、国内で情報収集体制の強化の必要が、与野党一致した見解となる。一気に日本独自の情報衛星保持の必要性が認識された。野中広務《のなかひろむ》官房長官、古川貞二郎《ふるかわていじろう》官房副長官のもと、内閣に関係各省局長からなる作業部会が設置された。

このときの私の果たした役割は、⑴外務省のもっていた案を基礎に、早期に独自衛星保持の構想固めの土台をつくること、⑵関係局長作業部会で独自情報衛星の保持を主張すること、⑶日本の独自情報衛星の保持に消極的な米国を説得すること、にあった。最大の問題は米国の消極的対応だった。

日米安全保障関係の構築の中核的役割を果たしてきたリチャード・アーミテージやカート・キャンベル国防副次官補が、日本の独自情報衛星に消極的であることを明確にした。一九九九年七月二十三日、『朝日新聞』はアーミテージとのインタビューを次のとおり報じている。

「（導入決定は）完全に正しい判断であるとは思わない。日本経済が厳しい状況であるときに、すでに米国が提供しているものを手に入れるため、多額の予算を注ぎ込もうとしているからだ」

これに加えて、「米国が日本側に提供できる画像は五〇センチほどのものでも解るが、日本が独自に開発しても、一メートルくらいのものしか手に入らない。なぜ巨額のお金を投入して、質の悪いものを手に入れようとしているのだ」との議論もあった。

たしかに一九九八年八月三十一日、北朝鮮がテポドン一号のミサイル発射実験以前の段階で、日本政府は米国政府から的確な画像情報を受理している。したがって日本政府の要人は八月三十一日の発射に驚いていない。しかし、国民はびっくりした。いきなり北朝鮮のミサイルが日本上空を越えてきたのである。ここに問題があった。

米国は政府に情報提供はする。しかし、それはごく限られた人にである。北朝鮮のミサイル発射にどう対応するかは、日本の安全保障の根幹に関わる問題である。その対応いかんによっては、国民に深刻な影響を与える。少なくとも、テポドン発射数日前に国会に画像を提示し、議会を含め対応を検討すべきである。さらに、北朝鮮がテポドンの発射を準備している段階で、国連安保理などに示し、国際的圧力をかける手段もある。

こうした政治的判断や国際的協議の場で、米国が提供した情報は使えない。米国提供の画像は、軍事利用を想定している。国民に示すことや国際世論に訴えるのは、目的外である。しかし日本の立場で考えると、この分野の需要がある。その際には、何もきわめて細かい画像は必要ない。北朝鮮のテポドン発射意図が把握できれば十分である。

米国国防省、米国国務省は総じて、日本の独自衛星の保持に消極的であった。米国の消極的な考えは、安全保障問題で通常の日本のカウンターパートに伝達された。これを受けて、防衛庁（当時）は独自衛星に消極的になった。もし外務省が動かなかったら、初期の段階で独自衛星の構想は描けなかった。米国を積極的に説得しようとする動きも、官庁サイドから出なかったかもしれない。

大統領と駐日大使の力比べ

じつはこの時期、日米関係は必ずしも良好でない。

「第三章　情報のマフィアに入れ」で、一九九八年初頭、米国がイラク攻撃を考えていたことを見た。一九九八年一月、クリントン大統領とモニカ・ルインスキーとの不適切な肉体的関係の処理と、共和党系タカ派が主張するイラク参戦問題がリンクしていた。

このなかクリントン大統領は、イラク攻撃もやむなしという方向に傾いていた。実際、日本での関心はさして高くなかったが、一九九八年十二月十六日、クリントン大統領はイラク攻撃に踏み切っている。そのときのクリントン大統領声明は次のとおりである。

「本日、私はイラクにおける軍事・安全保障の目標を攻撃するよう指示した。この任務は近隣諸国を脅すイラクの核・化学・生物兵器計画と軍事施設を攻撃するためのものである」

こうして、イラク攻撃がクリントン大統領にとってきわめて悩ましい問題になっているときに、橋本龍太郎《はしもとりゆうたろう》総理が、「長野オリンピック開催時には軍事攻撃は控えてほしい」と発言する。この発言は、危機に瀕《ひん》しているクリントン大統領の足下をすくうものだった。

この橋本発言を契機に、クリントン大統領およびホワイトハウスの対日観は一気に悪化した。それはクリントン大統領の中国訪問（六月二十五日から七月三日）にも影響を与え、クリントン大統領は「米中間に建設的なパートナーシップを創る」と発言した。一時「クリントン大統領は訪中後、真珠湾を訪れる」との報道がなされたくらい、クリントン大統領の中国重視、日本軽視が強かった。

フォーリー駐日大使は、この状況を危惧していた。フォーリー駐日大使は依然、「日米関係は米国のアジア政策の中核になるべし」と考えていた。このなかで、テポドン・ミサイルの発射が起こったのである。

私は米国関係者に次のように述べた。

「北朝鮮のテポドン・ミサイルの発射を受けて、日本国民は安全保障に真剣に対処すべしとの考えになっている。とくに情報収集面で従来の体制では不十分であり、抜本的に改善すべきだと思っている。そして独自情報衛星の構想が出て、その動きが政府内で固まりつつある。ここで、もし米国が独自衛星構想を潰《つぶ》したとしよう。そのときには、日本国内にはわれわれが強化すべきと思う安全保障体制と日米同盟は同じ方向を目指していないと受け止められる。こうした機運が出ることはきわめて危険で、米国は日本の独自衛星構想の動きを支持すべきである」

この議論はフォーリー駐日大使の支持を得た。

ここから、クリントン大統領とフォーリー駐日大使の力比べになる。クリントン大統領は依然としてモニカ・ルインスキー事件を引きずっており、議会の弾劾という爆弾を抱えている。フォーリー駐日大使は一九八九年から九四年まで下院議長を務め、議会に影響力をもっている。弾劾という爆弾を抱えているクリントン大統領は、対日問題でフォーリー駐日大使の反発を買うことは避けたい。

米国政治での力関係では、アーミテージやキャンベル国防次官補代理（アジア・太平洋担当）は、フォーリー駐日大使の比ではない。フォーリー駐日大使の支持を背景に、日本の独自衛星構想が、米国防省の反対を押し切って進んでいった。なお、米国内の議論のなかで、日本通のマイケル・グリーンや日本人を妻としているケント・カルダー（当時フォーリー駐日大使補佐官）などは、日本の独自衛星容認派であったと見られる。他方、日本国内では、アーミテージやキャンベル国防次官補代理が消極的なことを受け、外務省の一部や防衛庁は消極的に対応した。

日本独自の情報衛星は、まだ歩きはじめたばかりである。解析度は低い。しかし、日本が独自の情報システムを構築していく際には柱となる。時間をかけて育てる価値がある。

第七章

「知るべき人へ」の情報から「共有」の情報へ

――米国同時多発テロ事件(二〇〇一年)

予測されていた九・一一同時多発テロ

米国ホワイトハウス、大統領の執務室となるオーバル・オフィスでは通常、朝八時から九時、大統領に対してCIA長官から国際情勢の報告がなされる。米国情報機関にとって、最も重要な行事といってよい。

二〇〇一年八月六日、次のブリーフィング・ペーパーが、ブッシュ（息子）大統領に示された。このブリーフィングは、九・一一同時多発テロ事件の約一カ月前に行なわれている。このブリーフィング・ペーパーの標題は「ビン・ラディンは米国攻撃を決定」である。そして次の内容が記述されていた。

　秘密の外国政府および報道機関の報告は、「ビン・ラディンは一九九七年以降、米国内でテロ攻撃を行なうことを望んできた。一九九七年および九八年、米国テレビとのインタビューで、彼の支持者は米国貿易センターの爆破犯の例に続き、戦いを米国内に持ち込むだろう」と示唆している。

　ビン・ラディンは、一九九八年のアフガニスタンにおける彼の基地が攻撃されたのち、「ワシントンで報復したい」と述べた。

エジプトのイスラミック・ジハドの工作員は、「ビン・ラディンはテロ攻撃を行なうため、彼が米国に接近できることを利用しようとしている」とある情報機関に述べた。（ロサンゼルス空港への攻撃計画などに言及したのち）アルカイダのメンバーは、数年間、米国に在住したり訪問したりしている。このグループは、攻撃を助ける支援機構をもっている。秘密情報源は「一九九八年にニューヨークにおけるビン・ラディンの組織は、米国内のイスラム系アメリカ人を勧誘しようとしている」と述べた。

「ビン・ラディンは米国飛行機をハイジャックしようとしている」との一九九八年になされた某情報機関からの情報など、一段と衝撃的な脅威の報告があるが、この情報の裏づけをとることはまだできていない。

しかし、ＦＢＩの情報は、それ以降もハイジャックおよび他の種類の攻撃準備が進んでいるという疑念を抱かせる動きを示している。ＦＢＩは全米でビン・ラディンと関連していると見られる七〇の現場捜査を行なっている。ＣＩＡとＦＢＩは本年五月、アラブ首長国連邦の米国大使館にあった「ビン・ラディンの支持者たちがアメリカ国内において爆破物を有する攻撃を計画している」との電話連絡を捜査中である。

そして、二〇〇一年九月十一日、この警告が現実になった。米国同時多発テロ事件が発生した。上の警告で出てくるキーワード、「ビン・ラディン」「ハイジャック」「米国貿易センター」「アルカイダのメンバー」が見事に組み合わさり、米国同時多発テロ事件となった。

米国同時多発テロ事件の発生約一カ月前に、情報機関が米国大統領にテロの警告を発することができたのは、大変な成果である。

では、この警告は生かされたか。まったく生かされなかった。ブッシュ（息子）大統領も、ライス国家安全保障問題担当大統領補佐官も、無視した。

当然、九・一一同時多発テロ事件以降、なぜ無視したかの追及が始まる。

二〇〇四年四月八日、ライスは「九・一一委員会」で意見の開陳を求められ、「米国内の攻撃に対する警告ではない。古い事実に基づいた歴史的経緯の情報である。新しい脅威ではない。脅威は憶測である。攻撃に関してニューヨーク、ワシントンなど、地域、時間が特定されていない」と、このブリーフィングは特別のものではないと述べている。

しかし、客観的に見て、ライスの説明は苦しい。標題からして「ビン・ラディンは米国攻撃を決定」と警告している。ハイジャックの危険を指摘した。この動きは過去の動きではない。最近二、三カ月前に生じた危険な状況である。これだけの警告にもかかわらず、大統領が何の行動もとらなかった。このことに情報機関は衝撃を受ける。

「九・一一委員会報告」

米国の情報機関は、大統領へのブリーフを最も重視してきた。大統領の周りには最優秀の人材、「Best and Brightest」のスタッフが集まっている。大統領近辺に重要な情報が上がれば、最も適切な措置がとられるという信仰があった。

しかし、九・一一同時多発テロでこの信仰が崩れた。最高の情報が大統領の手元に届けられた。しかし、何の措置もとられず、テロを招いた。「知るべき人へ」情報を提供するだけでは不十分であることが明白になった。

米国情報機関にとっては、「なぜ、九・一一同時多発テロ事件を防げなかったか」は深刻な課題であった。九・一一同時多発テロ事件の反省は、米国の情報処理において画期的な考え方を打ち出した。

二〇〇四年四月二十四日、「九・一一委員会報告」が提出され、ここできわめて重要な理念が出る。この考え方は、従来の情報組織のあり方そのものの変革を迫る。

米国政府は大量の情報に接することができる。しかし、情報の処理およびその利用で弱点をもっている。「知るべき人へ」（情報を提供する）情報システムは、「共有」（するために情報を提供する）情報システムにとって代わられなければならない。

この「九・一一委員会報告」には、第一章などで言及したアーネスト・メイ・ハーバード大学教授も関与している。

「知るべき人へ」の情報から「共有」の情報へ——の考え方は、ある意味で革命的な要素をもっている。もはや大統領、国家安全保障担当補佐官という「知るべき人へ」情報を提供しておけばシステムが機能するという考えではない。「知るべき人」への全幅の信頼で動かすのでなくて、組織全体が情報を共有し、組織全体が「知るべき人」の指揮がなくとも機能するようにしようという考えである。基本的な目的を確立したうえで、運用は組織全体に委ねるという、ある意味「日本型経営」に似た考え方である。

米国における九・一一同時多発テロ事件は、米国情報組織に、情報処理のあり方の抜本的改革を迫っている。それは「need-to-know」から「need-to-share」への変化である。訳すれば「知るべき人へ」の情報から「共有」の情報への変化である。

じつは、この変化は「トップにすべての判断を委《ゆだ》ねることが、組織にとって最も望ましい」という発想から、「トップの決断・行動が、組織につねに最もよい結果をもたらすとはかぎらない。情報を共有することで、組織の個々が最善を尽くせるようにすることが組織にとって最善である」という思想への転換でもある。トップより構成員の良識を重んずる——画期的である。米国では革命的といってよい。

この勧告はその後、国家安全保障会議（ＮＳＣ）が実現に努め、二〇〇八年「米国国家情報コミュニティー情報共有戦略（U. S. National Intelligence Community Information Sharing Strategy）」として行動計画が発表されている。

自衛隊はいま「共通の戦略」のもと、日米協力を進めている。これには情報分野も含まれている。そうであるとすると、いま自衛隊では「need-to-know」から「need-to-share」、「知るべき人へ」の情報から「共有」の情報への情報体制の移行が進行しているはずだ。「need-to -know」では極秘データを盛り込み、「知るべき人」に理解してもらうことを最重視する。「need-to-share」では必要部分を残し、機微なものを外す。書類をつくる考え方が変化する。

振り返ってみると、私は外務省の情報分野で仕事をしたときに、情報の「共有」に向かって仕事をしていた。

「第四章　まず大国（米国）の優先順位を知れ」で、当時の外務省が米中接近をありえないとして撥《は》ね退《の》けていたことを見た。しかし、よくよく調べてみると、警告を発していた人物は、本省内にも在外公館にも存在していた。もし、この警告が広く外務省内に共有されていたら、事態は変わっていたかもしれない。

私は分析課長当時、情報システムのあり方と格闘していた。目指したのは、「知るべき人へ」の情報のシステムであった。しかし、それは同時に「共有」への情報システムをも目指していた。

私は一九八四年、分析課長になった。このとき、何を行なうかについて明確な目標をもっていた。情報伝達システムの構築である。

「要旨電報」制度

情報は一つの情報だけで完結しない。受け取り手の経験、感性によって、情報の意義が判断される。したがって一次情報がすべての人の手元に届き、それぞれの人がこの一次情報から重要な部分を抽出するのが最も望ましい。しかし、外務省には莫大な情報が入る。一九八四年当時ですら、一日数百通の電報が入る。国際情勢の分析を仕事とする分析課長であっても、全部を読み切ることは不可能である。

外交分野でいえば、情報を最も必要とするのは、大臣であり、次官であり、局長であり、政策立案に責任をもっている人である。しかし、本来情報を最も読んでほしい人ほど忙しい。政策立案に責任ある人が膨大な量の情報をこなすことは不可能である。では、どうなるか。

結局、忙しい人は、「自分に必要な情報だけ回せ」、つまり抽出して回せとなる。ここで欠陥が出る。情報の最終的受け取り手と情報の発信者のあいだに人が介在すると、この中間にいる人の価値観で情報が選択され、分析が入る。

情報は、「何を伝達しているか」という視点と「その情報がどの程度の確度をもっているか」という視点で評価される。とくに重要なのは後者である。きわめて深刻な意味合いをもつ情報ほど、確度の点では低くなる。国の上層部が否定する事実を、きわめて低い地位にいる人間が囁《ささや》いたりする。また、本来関与しないような場所から情報が来る。こうした情報に接したときの判断は、まさに受け取り手の識見が問われる。安全プレーを心がける者は、確度が低いと上層部に報告するのを躊躇《ちゅうちょ》する。

したがって、一次情報をできるだけ上層部にアクセスできるようにしたい。しかし、情報の量が多すぎる。この矛盾をどうするか。

私は分析課長になる前に、官房で機能強化対策室長というポストにいた。とくに決められた任務はない。外務省の機能のなかで改善すべき点を提言する職である。このポストにいるときに、情報伝達システムの構築にとりかかった。

次が、私の提言である。

(1)各在外公館が情報電報を打電する際には、四〇〇字以内の要旨を付す。

(2)打電する際にあらかじめ配布してある上書きの部分から、その電報の分類を選択する。たとえばアジア情勢、欧州情勢、中近東情勢、さらにその細分化を考える。

(3)外務本省では、コンピュータを利用し、このシステムに入った情報を分類し、毎朝事項別に整理する。四〇〇字内に収まった要旨を紹介する週刊誌サイズの冊子を毎朝幹部、在外公館館長等に配布する。

(4)冊子を受理した幹部らは、自分の関心のある分野の要旨（発信者が作成したもの）を読み事態を掌握する。さらに詳細にこの情報を見たい場合には、電報番号を見て現物を取り寄せる（通常、この電報はすでに配布されている）。

このシステムがない場合、通常情報をどう選択しているか。標題、発電公館、書き手が誰か、情報提供者が誰か、ここまでの段階で多くの電報がふるい落とされる。まだ評価の定まっていない書き手や、比較的重要度が低いと見られる公館からの電報が読まれる可能性は低い。

在外公館に、システムの支持を取り付けにかかった。約三分の二くらいの公館は支持の回答をした。しかし、重要な公館になればなるほど、システム導入に慎重で、むしろ反対だった。

まず、自分たちの打電する電報は重要であるから、幹部が読むべしという確信があった。もし読まないのなら、読まない人間が怠慢であると判断した。システム導入をすれば、要旨を冒頭に記入するという余分な仕事が増える。自分たちの仕事量は多く、ぎりぎりで仕事をしている、さらに電報に要旨をつけるという作業をする余裕はない、というものだった。

今度は本省側で読み手となる人たちに説明し、いかにプラスになるかを説得した。そしてその支持を重要度の高い公館に伝達した。そして最終的承認を得るため、局長を構成員とする幹部会にかけた。

この段階で私は、外務省に入省して二十年弱、まだ課長職に達していない。幹部会構成員である局長は、三十五年くらいの勤務歴を有する。外務省では入省年次が数年違えば、人間と猿くらい違いがあるといわれていた時代である。

説明には分かりやすいようにと、オーバーヘッドプロジェクターを使った。説明が終わると、すぐに有力局長が発言した。

「この若いのは、オーバーヘッドプロジェクターのような技術を持ち込めば賛成を得られると思っているらしい。とんでもない。(まだひよっこで) 外務省を何も知らない者が、どうして外務省全体に影響を与える情報分野の改革を提言する能力があるのだ。外務省の仕事のやり方すら知っていない。きわめて重要な案件に関する情報は、課長—局長—次官の三名が知っていればいい。この人間が責任をもっている。それ以外の人間が情報を知っていても、漏《ろう》洩《えい》するなど、百害あって一利もない。課長が必要情報を責任もって掌握し、それを局長、次官に説明する。この仕事のやり方を変える必要はさらさらない。だから、多くの情報を共有しようとする発想そのものが間違っている」

外務省を代表する有力局長の発言で流れは決まった。私の案は総攻撃を受けた。必死に説明に努めるが、局長と課長にもなっていない私とでは格が違う。情勢は明白で、このプロジェクトは負けだ。私は観念した。

会議を閉める段階で、議長がこう締めくくった。

「本日は新しい構想について議論した。いろいろ議論はあった。しかし自分の見るところ、大勢は案を支持している。では、採用ということにしたい。この結論に反対者はいますか」

採用された。議長の裁きには、誰よりも打ちのめされた私が一番驚いた。

しかし、私は会議で満身創痍《まんしんそうい》である。とても喜ぶ気分になれない。部屋に帰って、来客用ソファーにひっくり返っていた。そこへ浅尾新一郎《あさおしんいちろう》氏（元北米局長）が入ってきて、

「寝転んでいるか。あれだけやられれば無理もない。でも通ったのだから頑張れ」

私が外務省でいただいた嬉しい言葉の一つである。

「これはいったい何だ」

こうして「要旨電報」制度が導入された。コンピューター担当の外務省職員の全面的支持もあってプログラムはつくられ、毎朝、週刊誌サイズにまとまった要旨電報の骨子が届けら

れることになった。これを受け取った人物は、自分の見たい項目を見ればよかった。

でも、これで終わりではない。重要地域の大使会議があった。ここで大物大使が発言した。

「最近、本省で要旨電報制度という訳の分からないことを実施しているが、これはいったい何だ。私の電報は二〇〇〇字、三〇〇〇字、ときに五〇〇〇字になる。しかし、この文章のなかのどこにも無駄がない。すべてを読んで初めて理解できる。そんななかで四〇〇字の要旨を付けて、それで分かったような気になられたら、とんでもないことだ。

そもそも、次官をはじめ幹部は、いかに情報が多くとも必要な情報を吸収する意欲と能力をもっている人間がなる。帰りが十二時、一時になっても努力すべきだ。それができなければ職を辞せばいい」

当初この作業は官房機能強化対策室で実施していたが、分析課長になったとき、私はこの仕事をもって異動した。重要な大使館から、忙しい、そんなものに付き合えないという苦情が多かった。それをお願いし、一応機能する水準は保った。しかし、数代のちの分析課長はこの仕事を廃止した。

組織全体にプラスになることでも、個々の構成員やグループにプラスになるとは限らない。個々人やグループが若干の犠牲、マイナスを払い、それを元手として全体の利益が構築されることがある。組織において、特定の個々人やグループが強くなると、このグループが自己の最大の利益を求める論理だけが通る。

外務大臣であれ、次官であれ、官邸であれ、記者会見、記者懇談がしばしばある。ここで質問される可能性のある国際情勢なら、真剣に読む。私が何を知らせたいかでなく、読み手が何を知らせてほしいかを想定し、そこに知らせたいことを滑り込ませる。この動きは「知るべき人へ」の情報である。

しかし、これら二つの情報システムの成果物――毎朝、全体として週刊誌サイズで、事項別に分類され、個々は四〇〇字以内にまとめられたもの――は、本省では局長以上、在外公館では各館長にも送付された。このシステムは「知るべき人へ」の情報システムではあるが、本省で局長以上、在外公館では各館長に送付することによって、「共有」の情報への変化も内蔵していた。

外務省では何回か、情報体制の不備が指摘されてきた。たとえば、ニクソン大統領が訪中し、これまでの対北京敵視政策から一気に首脳レベルの交流に移行したときには、「外務省は事前になぜ把握できなかったのか」という非難が沸き起こった。

当時を調べてみると、米中首脳会議のように、米中関係が激変する兆候はいくつかの在外公館で摑《つか》んでいた。米中接近にはパキスタンが重要な役割を担っていた。ニクソン大統領は一九六九年、中国との外交関係の樹立を考え、いくつかのチャネルで中国側と接触するが、失敗する。一九七〇年十月二十五日、ハーン大統領に「中国首脳部に、米国が外交関係樹立に真剣であることを伝えてほしい」と依頼する。一九七一年七月、キッシンジャーは北京入りするが、これはパキスタン経由である。

このとき日本大使館は、キッシンジャーがパキスタンで不審な行動をしていることを察知している。ロサンゼルス総領事は、講演会等で米中接近に向けての動きがあることを掌握しているが、全体の意味合いを計りかね、本省への報告を躊躇している。香港総領事館も米中接近の懸念をもっている。外務省のベトナム担当者は、米国がベトナム戦争を終結するため、米中首脳会談を行なうのでないかと推測している。

米中接近を予測するいくつかの情報があった。おのおのが独立し、米中接近に向けて他にも同様な動きがあることを十分に知らない。こうしたときに毎朝、全体として週刊誌サイズで、事項別に分類され、個々は四〇〇字以内にまとめられたものが各在外公館館長に配布されていれば、他の動きが分かり、自分の地域での動きが特別の意味をもっていることが解る。

しかし、このシステムを動かすには、省全体の支持がいる。このシステムが止まってから、私は再び国際情報局長として帰ってきた。頑張れば、再度立ち上げることは可能。しかし、次の世代が戦いつづけることはない。さらに、このときは局長として別の課題を抱えていた。残念ながら立ち上げには動かなかった。

第八章

情報グループは政策グループと対立する宿命（かつ通常負ける）

――湾岸戦争（一九九一年）

駐イラク米国大使館次席ウィルソンという男

第一章でイラン・イラク戦争時代、月一回、西側大使館の次席会議をもっていたことに言及した。この西側大使館次席にも、さまざまなタイプがいた。

ドイツ大使館次席は、軍人タイプであった。見るからに獰猛《どうもう》なドーベルマンを飼っていた。英国大使館次席は、厳しいイラクの土地のなかで自分のスタイルを確立していた。仲間を集め、シェークスピア劇を演じていた。米国大使館次席のバックスは、東部の旧家に生まれ、もともとドイツ哲学を学ぶ学生であった。青年時代ケネディ大統領に傾倒して、平和部隊で働き、そのまま国務省に入った。アラビア語専門家の道を進み、レバノン人と結婚した。

この時期、米国は不思議な大使人事をした。独身女性エプリル・グラスピーを大使に任命した。グラスピーはアラブ社会への最初の女性米国大使だった。女性の社会進出が限られているアラブ社会、それもイラン・イラク戦争を戦ってきたイラクへ、女性大使の任命は疑問だった。社交の場にはほとんど出ない。公邸で母親と二人、ひっそりと暮らしはじめた。

ここに大事件が訪れる。一九九〇年七月、イラク軍がクウェート国境に集結した。グラスピー大使はサダム・フセインと会う。ここで彼女は、問題発言をする。「アラブ諸国間紛争には、われわれは独自の政策をもっていない。しかるべき手段で迅速に解決することを望む」と述べた。

サダム・フセインは、この発言を米国はイラクのクウェート侵攻を黙認すると解釈した。米国大使が強い警告を発していたら、たぶんサダム・フセインは侵攻を思い留まっていただろう。

米国大使館でバックスに代わり、グラスピー大使を補佐する次席に、ウィルソンが赴任した。彼は当時のイラク勤務の人間とまったく異なるタイプであった。

フランス人女性ジャクリーンが、同伴者として紹介された。「彼女は私に幸せをもたらす者。最初の出会いがアフリカのゴルフコース。ゴルフを知らない彼女が付いて回って、その結果、アルバトロス（マイナス三）を二度も出した」と自慢する。

ゴルフのハンディが一や二のようなタイプは、そもそも戦時下のイラクにいない。さらにカリフォルニア大学での専攻は海岸でのサーフィンだったと自慢する。大使といい、次席といい、米国はいったいどういう人事をしているのだと思った。しかし、これは間違っていた。

私がイラクを去り、湾岸戦争が開始され、ウィルソンは目を見張る活躍をする。この時点でグラスピー大使は本国に呼び戻され、ウィルソンは臨時代理大使の任にあった。

イラクのクウェート侵攻後、米国のイラク攻撃の態勢が着々と進んでいった。このとき、サダム・フセインがイラク在住の外国人を「人間の盾」にするため拘束を始めた。米国大使館は二〇〇名近くの米国人を大使公邸、大使館に匿《かくま》った。サダム・フセインは、外国人を匿《かくま》う者は処刑するとの通知を各大使館に出した。

こうした動きに対して、西側大使が揃ってイラク政府に抗議に出かけた際、ウィルソンは自分の首に、ネクタイの代わりにロープを巻きつけた。そして記者会見を開き、「殺すのなら、このロープでまず自分から殺せ」と宣言する。ウィルソンの一連の行動は、米国の強い姿勢を象徴的に示したものとして、米国国内で絶賛を浴びた。ブッシュ（父）大統領はウィルソンに感謝の手紙を送った。

ウィルソンのブッシュ（息子）大統領批判

私は一九八六年からイラクで勤務したこともあり、二〇〇三年三月のイラク戦争開始前には、「イラク戦争は疑問である」と積極的発言を行なうべきと考えた。二〇〇二年十一月二

十六日、参議院の外交防衛委員会で、防衛大学校教授の資格で、

「米国が単独主義的な傾向を強化することは、国際政治の安定に望ましいことではありません」

「私個人の懸念は、軍事行動後のイラク情勢です。イラクでは人種、宗教をめぐっても一体でなく、対立が続き、イラク情勢は日本よりはるかに複雑であり、政治的安定は困難ではないかと見られます」

などと述べ、警告を発していた。

こうした批判は、米国国内でも存在していた。あのウィルソンが、イラク戦争で突然、再び脚光を浴びる。ブッシュ（息子）大統領攻撃の象徴的存在になった。

イラク戦争開始の理由は、イラクが大量破壊兵器をもっていること、およびアルカイダとの結びつきがあるとされたことだった。米国政権のなかで、推進派と慎重派に分かれた。推進派は大統領府、副大統領府、国防省である。慎重派には、国務省の一部、CIAの情報分析グループがいた。

CIAというと一般にタカ派の拠点の印象を受けるが、米国の政治抗争のなかでは、CIAがハト派に位置する場面が多い。コルビー元CIA長官は自著『栄光の男たち』のなかで、

一九五〇年当時、ＣＩＡに入ることは最高に評価され、事実、栄光に満ちた憧れの的であり、最高に愛国的なことであった。〝ベスト〟で〝ブライテスト〟で東部の有名な大学を出た政治的にリベラルな若者たち、エリートの社会的背景をもつ青年男女を引きつけていた。反共思想にもかかわらず、マッカーシーのようなヒステリックな右翼デマゴーグも嫌った。…（中略）…アイビー・リーグからきた意欲いっぱいの若者が、非共産主義のリベラルとして共産主義と戦うには、ここが最高の場として集まってきた。全体としてリベラルな色彩が強く、とくにそれは分析専門家とＯＰＣ（特別作戦局）に強かったので、マッカーシーは国務省をやっつけたあと、次はＣＩＡとヒステリックに攻撃しはじめたほどである。

と記している（筆者による大要）。

日本の外務省は一九七〇年ごろからソ連の専門家が急速にタカ派的色彩を強めたが、比較的リベラルな思考をもつ私は、ＣＩＡ内のリベラル派に共感するところが多い。冷戦時、反共リベラルは日本外務省では異端だった。ソ連と闘うことを最大の任務としていたＣＩＡが反共リベラルと知り、ほっとした。

ＣＩＡリベラル派の伝統を受け継ぐＣＩＡ分析部門は、大量破壊兵器とアルカイダとの結びつきを理由にイラク戦争に突入せんとするチェニー副大統領を中心とするホワイトハウスに抵抗する。しかし、「国家元首・ブッシュ大統領に忠節を誓うのか否か」と迫られ、押し切られる。ここでも「情報グループは政策グループと対立する宿命（かつ通常負ける）」の図式が見られる。

湾岸戦争時、サダム・フセインに立ち向かい、ブッシュ（父）大統領から感謝の手紙をもらったウィルソンが、ブッシュ（息子）大統領のイラク戦争に反対の意を示した。

ウィルソンは、二〇〇三年七月六日付『ニューヨーク・タイムズ』紙に、

「ブッシュ政権はイラク侵攻を正当化するためにサダム・フセインの大量破壊兵器についての情報を操作したか？　戦争前の数カ月間にわたる私の政権との関わりの経験に基づけば、イラクの核兵器に関する情報は、イラクの脅威を誇張するため歪《ゆが》められたといわざるをえない」（筆者訳）

で始まる論評を掲載した。

これに対して米国政府は、ウィルソン夫人に対する報復措置をとった。ウィルソン夫人は

ＣＩＡ工作員であったが、この事実を新聞記者にリークさせた。身元が暴露されたことで、夫人は今後、工作の仕事に従事できなくなる。ウィルソンがこの動きに戦う姿勢を見せ、リビー副大統領首席補佐官、アーミテージ国務副長官の関与が明らかになった。

ここではイラクの大量破壊兵器に関するブッシュ（息子）大統領の姿勢は間違っているとするウィルソンに代表される情報グループがいる。他方、政策を実施するには少々情報を曲げても政策を実施しようとする政策グループがいる。ウィルソンのケースは、ＣＩＡが戦う姿勢を見せたのでウィルソンが勝利したが、通常は情報グループと政策グループの対立になったら、情報グループは負ける。

イラク戦争でいえば、ホワイトハウスが政策グループである。これに勝つことは通常ない。「情報グループは政策グループと対立する宿命（かつ通常負ける）」である。

ウィルソンは、どちらかというと政権外の人間である。では、政権のなかにいるときに、どう対処したらいいのであろうか。

「第三章　情報のマフィアに入れ」で、米国国務省政策企画部長が重要な役割を担っていたのを見た。イラク戦争のとき、ハースがこの任にあった。彼は二〇〇九年五月二十日『ニューズ・ウィーク』誌に次のように記している。

「そもそもアメリカは、イギリスへの異議表明（独立戦争）から生まれた国といっていい。指導者も異議表明を気高い行為として称賛している。だが、個人的経験からいわせてもらえば、異議は一般論としては高く評価されるが、政策決定の現場では必ずしも歓迎されない。私たちは内なる良心の声に従うべきであるし、指導者には本人が聞きたいことでなく、真実を告げるべきだ。では、異議が無視されたり、却下されたときはどうすべきなのか。一つの選択は、政策が決定されるまで反対を続けることだ。もちろんこの場合は、政策決定プロセスから排除され、無視されるリスクがある」

ハースは政権内の少数派のジレンマについて論じている。組織のなかで「内なる良心」を貫くことは難しい。したがって「内なる良心」をもたぬようにすること、つまり「学ばず考えず」が組織内で生き残るための有力な生き方となる。

私があるとき、イラク問題で講演していたとき、先輩の元高官は次のようにコメントした。「君のいうのはたぶん正しいだろう。でも僕たちは、その問題は考えないことにしているのだよ」。

二〇〇八年、イラン攻撃をめぐる戦い

二〇〇八年六月、私はイラン政治国際問題研究所の「ペルシア湾の安全保障会議」に出席した。私のメッセージは明確である。

「イランはいま、原子力開発を行なっている。西側・イスラエルは、これがイランの核兵器開発につながる動きであると判断している。そして、それを阻止するため、軍事行動も選択肢のなかに入れている。米国・イスラエルは軍事行動を行なわないと決めつけるのは危険である」

この発言は聴衆の反響を呼んだ。イラン政府は「米国のイラン攻撃はありえない」と説明してきた。米国のイラン攻撃があるということになれば、現在の核開発推進の計画を見直すべきでないか、との議論につながる。イラン政府としては、「米国の軍事攻撃がある」という情勢分析はぜひ排したい。ここでも政策が優先している。

イラン外務省のなかにも、米国の軍事攻撃の危険性は察知している人がいる。しかし、自らが述べるわけにいかない。それで、私にイラン国内向けに発信してほしいと思ったのであろう。

イランでは原子力開発に向け、さまざまな思惑《おもわく》が入り混じっていた。国民の九〇％はイランの原子力開発を支持している。原子力発電所をもつことは、その国の科学技術水準が世界の一流国の水準に達していることを証明する。その観点から、「イランは先進国の仲間入りをすべし」との考えがある。さらにイランでは、エネルギーの国内消費が高まっている。そこに大量の石油が回っている。この状況が続くと、石油の輸出が急速に減ずる。そのことは外貨収入の減少を意味する。さらに、こうした純粋に経済的な見地に隠れ、核兵器開発を推進したいという考えもある。こうしてイランは原子力開発への志向が高い。

問題は、これに対して米国がどう対応するかである。その際、米軍による空爆の可能性も含んでいた。イラン国内でも米国からの攻撃の危険を知らせたいとする情報グループと、核開発を進めるため米国からの危険をできるだけ知らせたくないとする政策グループとが対立している。このなかに私が飛び込んでいった。

討議が終わって、イラン外務省の人が近づいてきて、「米国に頼まれて攻撃の可能性を述べたのか」と質問された。私は「頼まれたわけではない。しかし、私と同じ情勢判断をする人は米国には多くいると思う。探しましょうか」と回答した。

当時、イランをめぐり、米国内では激しい戦いが続いていた。対イラン戦争を行なうべきか否か。その際に核兵器を使用するか否か。第二次大戦以降の流れを変えるかもしれない動きが出るかもしれない緊迫した時期に入っていた。このなか、米国国内で二つの事件が起こった。

一つはファロン中央軍司令官の辞任である。二〇〇八年三月十一日、ＡＰ通信は「イラン政策でブッシュ大統領と対立」と報じた。辞任直前、男性誌『エスクァイア』はファロン司令官の特集記事を掲げている。

「ファロン将軍は、イランとの戦争を急いでいない。ブッシュ大統領は、われわれはいまや第三次世界大戦に入っている、としばしば言及し、イラン大統領をヒトラーに類する人物と述べている。こうした大統領に『イランとの戦争への太鼓を鳴らすのは害がある、戦争がないことを望む』といえるのは彼くらいだ」

「しかし、大統領は部下が率直に物をいうのを嫌う。ファロンのポストは長くないだろう。昨年十一月、ワシントンは怒るであろうが、ファロンはエジプト大統領にイランとの戦争はないといった。ファロン司令官は、対イラン攻撃に積極的である駐イラク軍司令官ペトレアスを、ワシントンのご機嫌をとる〝ゲス野郎〟と呼んだといわれる」

間違いなく、ファロンはイラン政策をめぐりブッシュ（息子）大統領と対立した。当然、米国内にはファロンを批判する論調が多くある。なかでも、ファロンが対米非難を繰り返すアラブの放送局、アルジャジーラで発言したことは、米国の敵と手をつなぐのか、との批判があった。

私はこの時期、米国軍人がどのように考えているかを知りたかった。あるとき、たまたまかなりの地位にいる米国軍人と会い、司令官辞任の感想を訊いた。

「彼がアラブのテレビ局アルジャジーラで対談したのは、『対イラン戦争はそこまで来ている。ブッシュ大統領が命令を出すのはすぐそこまで来ているのに、米国の報道機関は何も報道しない。世界へ警告するにはアルジャジーラしかない』と判断したからだ。われわれはブッシュ（息子）政権の政策を実行する責務を負っている。同時に、米国国民に対して、米国の安全保障を確保する責務も負っている。もし、時の政権が米国国民の安全保障を大きく害するなら、われわれは職を賭しても意見を述べるべきである」

中央軍司令官がブッシュ（息子）大統領のイラン政策に抗議し辞職するのであれば、大変なニュースである。しかし報道はない。

ペトレアス駐イラク軍司令官は、ファロンに〝ゲス野郎〟と酷評されようと、ファロンの後任として中央軍司令官に任命された。ペトレアスにすれば、最後に笑うのは自分である。

戦う司令官ペトレアスは、今度は逆の方向でオバマ大統領に圧力をかけるかもしれない。
ファロン司令官には「イランとの戦争は米国にとって害」との情勢判断がある。イラン戦争を視野に入れていたホワイトハウスとの戦いがあった。

もう一つの事件とは、イランの核兵器の評価をめぐる動きである。

ここでは「イランの核兵器開発は進んでいる。したがって軍事行動を起こすことを考えるべし」というグループと、「事実に基づけば、イランの核開発は二〇〇三年以降進展していない」とするグループとの戦いである。前者はチェニー副大統領をはじめとするホワイトハウスの勢力と、マレン統合参謀本部議長など国防省のグループである。後者はCIAを中心とする情報グループである。

このなかで、二〇〇七年十二月に情報グループが行動に出た。

米政府は三日、イランの核問題に関し、米国のすべての情報機関の情報をまとめた「国家情報評価（NIE）」を発表し、このなかで「イランが二〇〇三年秋の段階で核兵器開発計画を停止していた」という分析結果を示した。これは「イランの核開発は、世界に脅威を与える段階に来ている」とするブッシュ政権の評価と異なる。この発表をめぐり、約一年にわたりチェニー副大統領とCIAとのあいだで綱引きが続いた。

もともとは一年前に発表予定だったものが、ホワイトハウスが反対し、三回書き直しを命じられている。二〇〇七年十二月、チェニー副大統領の勢力が弱まり、CIAはようやく発表にこぎつけた。

二〇〇七年後半、ブッシュ政権のなかではイラン攻撃の機運が高まった。チェニー副大統領らは、いま攻撃しなければイランは核兵器開発能力をもつとして、早期の攻撃を主張した。これに対してCIAなどの情報関係者は、イランの核開発は二〇〇三年から実質ストップしていると主張していた。イランの核をどう評価するかをめぐって、米国内での戦いは続く。

評価されていた日本の資金協力

自衛隊が海外展開をする契機は一九九一年の湾岸戦争である。湾岸戦争で日本は一三〇億ドルの資金協力を行なったが、国際的な評価がなかったとして一九九二年、「国際連合平和維持活動等に対する協力に関する法律」(PKO協力法)を採択し、これまでの資金協力に加えて人的貢献もできる体制をとった。

日本の人的貢献がないことについては、外務省自らが批判の先頭に立っている。平成三年（一九九一）版『外交青書』は次のように記載した。

「日本の協力について『遅過ぎる、少な過ぎる』という批判や日本の協力に人的側面の協力が含まれていないことについての批判があった」

この情勢分析が一九九二年のＰＫＯ協力法成立につながっている。では、ほんとうにこの当時、日本の貢献に対して「国際的」な批判が出ていたのであろうか。

外務省員、ＯＢを主たる構成員としている組織に「霞関会」がある。この会の月刊誌に『霞関会会報』があり、平成二十年（二〇〇八）三月号は恩田《おんだ》宗《たかし》元駐サウジアラビア大使著「湾岸危機の際の日本の貢献――その国際的評価について考える――」を掲げている。この論評の主要論点を見てみたい。

- 日本では当時から、あのときの貢献は「国際的に評価されなかった」といわれてきた。
- いままでも国際貢献について論じるとき、あのときの貢献が国際的に評価されなかったとして論を進める人が多い。しかし、国際的に評価されなかったとの断定は正しくない。少なくとも、正確ではない。

・国連加盟国の大半は、イラクはクウェートから撤退すべきだとしていたが、イラクと戦争することについては腰が引けていて、多国籍軍の動きを傍観者のような目で見ていた。したがって、多国籍軍に対する日本の資金協力は、彼らにとっては多国籍軍諸国、とくにそれを率いる米国と日本の問題としていた。

・リー・クアンユー前シンガポール首相が「日本がいかなる軍隊も送らないほうが、アジア諸国はいっそう嬉しい」と述べたと報じられたが、それが当時のアジア諸国の考え方を要約している。

・あのときの日本の貢献に対して声をあげて非難・批判したのは、米国や英国である。それを「国際的に評価されなかった」などと曖昧に拡大した言い方をすると、日米間の厳しい力関係、諸国間の複雑な利害関係や利己的な行動、それらを纏《まと》めきれない国連など、世界の現実から目を逸《そ》らすことになる。

・国際的に評価されなかったことの証《あかし》だとしてよく引用されるのが、クウェートが戦後、米国の諸有力紙に掲載した感謝広告である。感謝対象国に日本が入っていなかった問題である。あの直後、真意を尋ねた黒川剛《くろかわつよし》駐クウェート大使に対し、クウェート外務省は、あれは本国政府が指示したものではなく、現地が十分に考えることもせず、新聞に載せてしまったものだと釈明したという。

• クウェート政府が感謝しなかったということはありえない。アル・シャヒーン次官は私に対し、日本は米国、英国と同様に、この地域で儲けた金のすべてを吐き出すような大きな貢献をしたと表明した。クウェートは戦後発行した解放記念切手シートに日の丸の旗を組み入れており、戦争記念館には日本国旗を掲揚し、日本の貢献を数字（一三〇億ドル）を挙げて説明する特設パネルを展示し、二〇〇七年の感謝式典では、他国をさしおいて日本大使にスピーチを依頼してきたという。

恩田大使のこの論評を見れば、「財政的支援は国際的に評価されていない」「したがって今後は人的貢献を行なわなければならない」という指摘は、正確でないことが分かる。冷静な情勢判断がなされていない。

恩田大使は現地事情に精通している。クウェートの評価にしても、米国諸有力紙に掲載された感謝広告だけでなく、豊富な事例に基づき判断している。しかし、彼の判断は大勢にならなかった。なぜか。

アマコスト元駐日大使（一九八九年―九三年）は著書『友か敵か』（読売新聞社、一九九六年）のなかで次のように述べている。

「湾岸危機はまた、国際貢献について日本に多大の自省を迫った。日本は国際貢献を財政的貢献に限定すべきではないという外国からの批判は、徐々に日本人自身にも浸透した」

アマコスト大使の発言は、外国の批判があって日本の認識が変化したと明示している。外国の批判があり、「日本人自身に浸透する」過程が進む。外務省など政府、マスコミがこの過程に参画する。このなか、クウェートの感謝広告で日本の名前が欠如したことは、「国際世論が日本を評価しない」恰好の材料として利用されていく。湾岸戦争時、駐サウジアラビア大使として、サウジ、クウェート事情に最も精通している恩田大使の見解は表に出てこない。ここにもまた、自衛隊の海外派遣を進めたいとする「政策グループ」と、情勢をできるだけ客観的に伝えたいとする「情報グループ」の対立の構図がある。

第九章

学べ、学べ、歴史も学べ

――日米貿易摩擦（一九九〇年代）

米国、日本への経済スパイを決意

私は本書を書くにあたり、第一章冒頭で、「一九八五年から八六年の一年間、私はハーバード大学国際問題研究所で研究員として『オホーツク海におけるソ連戦略潜水艦の意義』を書いた」との記述から始めた。わずか一年弱の滞在であったが、それだけ強烈な印象を私に与えた。

一つには、ハーバード大学国際問題研究所のもつ性格によるのであろう。私はここでフェロー（fellow、客員研究員）という肩書でいた。ここにはフェロー・プログラム（fellow program）という制度があり、各国から毎年一人ずつ、約二〇名のフェローがいた。

金大中元韓国大統領は一九八〇年の光州事件で死刑判決、のちに減刑されて無期懲役、一九八二年米国出国を条件に刑の停止を受けるが、一九八三年にはこのフェローになっている。またフィリピンでマルコス大統領を脅《おびや》かす存在であったベニグノ・アキノ（一九八三年帰国時、空港で暗殺される）は一九八〇年国外追放後、同じくフェローである。豪州のフレーザー首相も選挙で敗北後、このフェローとなっている。私のときには中東からランダ・ムカールが来ていたが、彼女はヨルダンのハッサン皇太子（当時）の外交顧問であった。

このフェロー・プログラムは、ハーバード大学のなかにあって、学術以外の雰囲気をもっていた。ハーバード大学国際問題研究所の初代所長はロバート・ボウイであるが、彼もアイゼンハワー大統領下の国務省政策企画部長である。彼はハーバード大学教授を終えたのち、CIAの分析部門の責任者になっている。彼は米国学会と政府との絆を構築した中心人物であった。

私の研究テーマは「オホーツク海におけるソ連戦略潜水艦の意義」であるが、米国においては一九八五年から八六年にかけ、経済的脅威になりつつある日本にどう対処するかが中心テーマになりつつあった。

エズラ・ヴォーゲルは一九七九年、『ジャパン アズ ナンバーワン』を書いている。GMはケネディ・スクールで「日本車とどう対決するか」を述べていた。ナイ教授は講義で「戦争はいかなるときに起こるか。それはナンバーワンがナンバーツーに追い抜かれる危惧を感じたときである」と述べたときには、明確に日本を意識していた。「日本への危機感」がハーバード大学には満ちていた。

第一章で、ハンチントンがボストンのビーコン・ヒルに居を構え、自宅でしばしばカクテル・パーティーを開いたことに言及した。リチャード・クーパー教授は一九七七年から八一年、経済担当国務次官であったが、私に激しい勢いで日本の経済政策を攻撃した。何でこんなに感情的になるのか、不思議なくらいだった。ハーバード大学の有力教授のなかには「日本を米国の戦略的脅威として考えるべきだ」という空気が明確に存在していた。

一九八五年当時、私が感じたハーバード大学の雰囲気は、次第に全米に広がっていった。一九九一年、シカゴ外交評議会が行なった米国への死活的脅威についての世論調査では、日本の経済力に脅威をもつ者が六〇%、指導者層六三%となり、ソ連の軍事力より高い水準を示した。一九九二年、私は総合研究開発機構にいたが、当時の理事長は星野進保《ほしのしんやす》氏である。この時期、星野氏は悪化する日米経済関係を食い止めるのに何か策がないかを探しに訪米し、私は国際交流部長として同行した。ランド研究所、シカゴ外交評議会、ニューヨークの外交問題評議会、ブルッキングズ研究所などで議論したが、決め手は見つからなかった。

米国国内では、日本の経済と向き合う体制が次第にできてくる。この体制のなかに、米国の情報機関が含まれてきた。

米国に向かって、「貴方はどの程度、わが国をスパイするのですか」と聞いて教えてくれるわけがない。この時代、経済交渉に従事していた日本政府関係者の何人かは、自分の身辺が調査されていた気がしていると述べている。なかには後日、米国側から冗談めかして、貴方の身辺を調べていました、といわれた人すらいる。でも当時、米国がどの程度、経済問題で日本をスパイしていたか、米国が述べるわけはない。自ら調べるよりしようがない。
興味深いことに、日本の経済関係に強い関心をもっていた人間が、この時期、情報分野に関与している。

『ジャパン アズ ナンバーワン』のヴォーゲル・ハーバード大学教授は、一九九三年から九五年、国家情報会議（ＮＩＣ）の東アジア担当となっている。

私のハーバード時代、日本の経済政策について激しい非難を行なっていたハーバード大学の経済学者クーパーは一九九五年から九七年、国家情報会議議長に就いている。この時期、米国情報機関は明らかに日本を標的に活動を行なっていた。一九九五年十月十五日付『ニューヨーク・タイムズ』紙は、「ＣＩＡの新しい役割――経済スパイ（Emerging Role For the C. I. A.: Economic Spy）」と題する記事を掲げた。

「昨年春の自動車問題をめぐってのクリントン政権の日本との激しい交渉のなかで、情報機関のチームは米国交渉団に随行した」

「毎朝、情報機関のチームはミッキー・カンター通商代表に東京のＣＩＡ部局と国家安全保障局（「第六章　スパイより盗聴」参照）の盗聴設備で集められた情報が提示された」

「経済的優位を求めて同盟国をスパイすることが、ＣＩＡの新しい任務である。クリントン大統領は、経済インテリジェンスに高い優先順位を与えた。財務省および商務省は、ＣＩＡから大量のインテリジェンスを入手した」

では、ＣＩＡ関係者はいかなる対応をとっていたか。ＣＡＴＯ《ケイトー》研究所は、下記の内容を含むスタンレー・コバーの一九九二年十二月八日付の論評「経済スパイとしてのＣＩＡ（The CIA As Economic Spy）」を発表している。

「ＣＩＡ長官ロバート・ゲーツは一九九二年四月十三日、デトロイト経済クラブで〝国家安全保障のレビューは、インテリジェンスの問題として国際経済問題の重要性に焦点をあてた。新たな要請の約四〇％が経済問題である〟と述べている」

「一九九二年夏、上院情報委員会は米国企業トップと情報専門家と会合した。ここにおいては、経済スパイ諜報においての熱意が見られた。ターナー元ＣＩＡ長官が述べた、〝一九九〇年代においては、経済がインテリジェンスの主要分野になろう。われわれが軍事安全保障のためにスパイするなら、どうして経済安全保障のためにスパイできないのだ〟という論は、多くの参加者に支持された」

米国情報機関の対日工作

こうして見ると、冷戦終結後、米国は国家の意思として、日本を主たる標的として経済スパイ活動を展開したことが明確になる。

米国はこの時期、日本のすべての省庁に内通者を確保したといわれる。内通者は交渉相手ではない。脅迫や金銭提供等、非正規な手段によって協力者となった者である。スパイ活動は非合法を手段とする。この時期、ＣＩＡのみならず、米国国内を拠点とするＦＢＩも活動している。女性を使い相手国にスパイを獲得する手口、ハニー・トラップ（蜜の罠）も適用されている。ときに売春婦や年少者も利用されている。

この時期、ホワイトハウスは「外国の経済情報収集および産業スパイ活動に関するホワイトハウスの年次報告」を出している。日本貿易振興機構や企業の活動がスパイ行為であると脅され、代償に日本の情報提供を行なった事例もあるだろう。

今日、日本の経済後退により、米国が国家をあげて日本の経済力と戦う構図は消滅した。その意味で、日本を主たる標的とする経済スパイ活動の必要性は大きく後退した。しかし、一九九〇年代は明らかに日本が標的であった。ターナー元ＣＩＡ長官がいうように、「われわれが軍事安全保障のためにスパイするなら、どうして経済安全保障のためにスパイできないのだ」という思想があった。

そうだとすると日本国家も、軍事安全保障のスパイを防ぐと同じように、米国の経済安全保障のスパイも防がなければならなかったのだ。しかし、日本にその認識はあったろうか。ない。そして、日本は当時そうとう浸食されていた。

「学べ、学べ」は学術的テーマだけではない。では、一九九〇年代初めの動きから、いかなる教訓を得られるか。

第一に、米国はわが国にとって最も重要な国であるが、日米関係がどうあるべきかは、わが国の努力より、米国が自己の戦略をどう位置づけるかにより決まる。「日米関係を基軸に」といっていても、米国自体が変化する。

第二に、一九九五年十月十五日付『ニューヨーク・タイムズ』紙の報道に見られるように、公開情報を丁寧に見ていれば、かかる動きは察知しうる。

第三に、米国の新しい動きは、議会や、ゲーツCIA長官がデトロイト経済クラブで行なったようなハイレベルの説明会でも現れる。

もっとも、対日工作は経済分野だけではない。第二次大戦後、米国は日本に対してさまざまな政治工作を行なってきた。それは今後も続くであろう。春名幹男著『秘密のファイル——CIAの対日工作』（新潮文庫）がCIAの対日工作について詳しい。しかし、なかなかCIAの対日工作の全貌を摑《つか》むのは難しい。類似のケースを見て、推測する手段がある。コルビー元CIA長官は、著書『栄光の男たち』で、第二次大戦後イタリアでのCIA活動について記述しているが、日本への工作もイタリアへの工作と類似している（筆者要約）。

秘密チャネルによる直接的な政治的、準軍事的援助によって〝干渉〟することは、数世紀にわたって国家関係の特徴となってきた。

各国は自衛のために武力を行使する道徳的権利をもち、その目的に必要な程度の武力行使は許されている。もしもそのような軍事的干渉が許されるなら、同じ状況下でそれ以下のかたちでの干渉は正当化されよう。

イタリアの民主勢力がソ連の支援する転覆運動に対抗できるように、民主勢力に支援を与えるのは道徳的活動といえよう。ソ連の膨張の危険に対して米国とNATO同盟国を守ることであり、財政的、政治的援助は、その目的達成のための非暴力的な低姿勢の手段であった。

この種の工作をするには、資金源は米国政府という事実を秘匿《ひとく》する必要があった。

CIAの中道勢力に対する援助は、主として彼らが一般的な各種の政治活動ができるよう、直接金を渡すかたちで行われた。

私は党の組織と運営にとくに関心をもち、資金だけでなく、訓練計画や調査、研究グループ、地方の党本部の活動などに関するアドバイスも与えるべきだと主張した。

純粋に政治的側面だけに努力を絞ることは、作戦をあまりに狭くすることもはっきりしていた。とくにモスクワのやり方をみれば、そうであった。この種の援助には、猛烈に反対しなければならない。したがってCIAは、自由労働運動の強化、競争的な協同組合の結成、各種の文化的、市民的、政治的団体の援助にも、多くの努力を払った。

ワシントンはマスコミ面における活動を期待した。

これらの作戦で根本的に重要なことは、秘密維持である。米国政府が支援しているとの証拠が出ては絶対にいけない。そのため、金にせよ、材料ないしたんなるアドバイスにせよ、援助はCIAと何の関係もなく、米国大使館とも関係のない、第三者を通じて渡された。資金は実際には外部者によって渡され、公認の米国公務員が渡したことは一回もない。

ＫＧＢとＣＩＡがイタリアで実施したことは、日本でも実施したと判断するのが自然であろう。これもまた、学ぶ対象である。

「北方領土問題」再考

一九六九年七月、私は英国陸軍学校、ロンドン大学、モスクワ大学での各一年ずつのロシア語研修を終えて、モスクワの日本大使館勤務を始めた。最初の一年は、政務班と大使秘書役のプロトコール（儀典）を行なった。プロトコールは二人体制で、いま一人が勝本という女性で、彼女が日程管理をすべてこなした。その他の雑務を私がした。

大使から見ると、外務省で仕事をしたことのない者がいきなり雑務をするといっても、何かと不便である。新入生であるから、コピーを取ったり、会場をアレンジしたり、口述筆記をしたり、下仕事をさせればそれでよい。しかしプロトコールは、大使という外交官生活の到達点の仕事ぶりを見ながら、一番下の下仕事をする。これは外務省が伝統的につくった大きな教育システムだった。プロトコールという雑務を行ないながら、大使の話を耳にする。そして、「えっ、実態はそうであったのか」という事実を知る。その一つは北方領土問題である。

「日本の歴史・地理教科書においては、…（中略）…北方領土は、ソ連（ロシア）による不法占拠であり、中・北千島や南樺太《からふと》は、領有権未定（暗にロシアによる不法占拠という主張）として表記される」（ウィキペディア）

北方領土問題では、一九五一年のサンフランシスコ講和条約で日本が放棄した千島列島に、国後《くなしり》、択捉《えとろふ》島が含まれるか否かが議論の対象である。中川融《なかがわとおる》駐ソ大使（当時）は一九五五年十二月の外務委員会で、「（日本が放棄した）クリール・アイランズには南千島は入っていない——こういう解釈をただいま採っておるわけでございます」と答弁している。

しかし、この国会答弁をよく見てみると、「こういう解釈をただいま採っておるわけでございます」と述べている。「ただいま採っておる」ことは事実である。それが「ただいま」を超えると含みが出てくる。

今日でこそ日本の北方領土問題に対する立場は固まり、対ソ連外交はタカ派色一辺倒のような感じである。しかし、ソ連にいかに対応するかは、CIAが反共リベラルが主流であったように、日本の外務省の対ソ外交でもリベラルな考え方が一時強かった。国会答弁で「（日本が放棄した）クリール・アイランズには南千島は入っていない——こういう解釈をただいま採っておるわけでございます」と述べた中川大使は、本心は何を考えておられたのであろうか。中川大使は一九九九年に実施したインタビューで次のように述べている。

「クリルに国後、択捉は入るか入らないかが問題になっていた。もっとも国後、択捉が入らないというのはわかりませんね。日本では（国後、択捉を）南千島といっていましたからね。南千島は千島でないということはちょっと言いにくいですね」（『中川元駐国連大使に聞く』鹿島平和研究所、一九九九年）。

日本は一九五六年七月、モスクワで日ソ国交回復交渉に入る。このときの外務大臣は重光《しげみつ》葵《まもる》である。この重光外相に秘書官として仕えたのが、柳《やなぎ》谷《や》謙介《けんすけ》氏である。柳谷謙介氏はインタビューのなかで次のように述べている。

「重光さんはやはりソ連は北方に位置し、日本の安全保障から見ても警戒を要する国だから、こういう国との関係は早く正常化しておくべきだという考え方があって、二島返還で我慢したほうがいい、悔しいけれど、四島でがんばって、いつまでも日ソ関係を不安定にしておくよりはよいと考えていた」（『柳谷謙介　オーラル・ヒストリー』政策研究大学院大学、二〇〇五年）

外交の処理には流れがある。国内で一定の流れが定まる。たぶん良くないな、と思っても、多くの場合、沈黙する。流れに逆らうコストが大きすぎる。ますます流れが定着する。特定の役職に就けば、本来の判断と逆のことを述べなければならない。

九・一一同時多発テロ事件後、イラク戦争に向かって邁進《まいしん》する米国について、ブッシュ政権の内部にあり批判的見解をもっていたハース国務省政策企画部長は、「私は自分が反対する政策の弁護役を何度も務めさせられた。政権内で仕事をすることは、歴史のプロセスに参加することである。人生のなかで、これ以上にエキサイティングで満足感を味わえる経験はまずない」と述懐している。

公式の場で「自分が反対する政策の弁護役を何度も務めさせられた」人は多い。しかし、個人的な場やオーラル・ヒストリーでは別の解釈が出る。それだけに、歴史を学ぶ、事実を学ぶ者は、オーラル・ヒストリーなどを丹念に拾っていく必要がある。

こうしたものは、議論が沸騰しているときから十年以上経過して出てくることがある。「第四章　まず大国（米国）の優先順位を知れ」で、ベルリンの壁の崩壊に関して、ブッシュ（父）大統領やベーカー国務長官のオーラル・ヒストリーで新しい切り口が見えてきたことからも分かるだろう。

諜報を学ぶ

一九六九年、私が駐ソ連大使館で勤務を開始したとき、大使館では毎朝、新聞会議をもっていた。おのおのが担当分野のソ連の報道内容、この動きに関する外交団や報道関係者（西側やとくにソ連）の見方を紹介する。ときに判断をめぐり意見交換をする。

アレン・ダレス（前出）は『諜報の技術』のなかで、

「外国に関する情報の収集は、神秘でも秘密でもない普通のいろいろ異なった方法によって行なわれる。とりわけ新聞、書籍、学術技術出版物、政府の公刊報告書、ラジオ、テレビなどからえられる公然たる情報の場合がまさにそれである。小説や劇が一国の情勢に関する有益な情報を内蔵していることがある」

「すべての公然たる情報は、情報機関という製粉工場のための穀物のようなものである」

と述べている。

ダレスは孫子を高く評価しているが、彼は、

「孫子兵法の第十三編『用間《ようかん》』の中で紀元前四百年に中国で行なわれていたスパイ活動の原則をあげているが、その多くは今日なお用いられている。その分類によれば、間諜《かんちょう》は、郷

間、内間、反間、死間、生間の五つに分けられる。『郷間』と『内間』とは、いわゆる『場所的情報提供者』のことである。『反間』とは、今日でいう『二重スパイ』であり、いったん捕えられた敵方のスパイが寝返って、今度は敵方を探索するものである。『死間』は、敵を欺瞞《ぎまん》するために誤った情報を敵に提供する目的で派遣されるものをいうのであるが、これこそ中国人の天才的狡猾《こうかつ》さの所産であり、…（中略）…『生間』は、今日の斥候と同じものである。孫子はスパイ活動に関してこのような卓越した分析を行なった最初の人である」と述べているが、この時代、駐ソ連日本大使館は、郷間、内間、反間、死間、生間のいずれももっていない。紀元前四〇〇年の中国よりはるかに劣っている状況である。

私は情報分野で働いた。各国との情報機関とも交わった。しかし、日本にCIA、MI6に相当する対外情報機関はない。この分野は本で学ぶしかない。一九七〇年代の分析課員時代、一九八〇年代の課長時代、一九九〇年代の局長時代と、本を読んだ。いくつかを整理してみたい。

(1)情報分野全般

アレン・ダレス『諜報の技術』鹿島研究所出版会、一九六五年

ゲルト・ブッフハイト『情報機関――その使命と技術』三修社、一九七一年

(2)ＣＩＡ関連
ウィリアム・コルビー『栄光の男たち――コルビー元ＣＩＡ長官回顧録』政治広報センター、一九八〇年
スタン・ターナー『ＣＩＡの内幕――ターナー元長官の告発』時事通信社、一九八六年
ボブ・ウッドワード『ヴェール――ＣＩＡの極秘戦略 一九八一―一九八七』文藝春秋、一九八八年
ティム・ワイナー『ＣＩＡ秘録』（上、下）文藝春秋、二〇〇八年

(3)ＭＩ６（英国）関連
Stephan Dorril, "MI6, Fifty Years of Special Operations," Fourth Estate, 2000
ウィリアム・スティーヴンスン『暗号名イントレピッド』早川書房、一九八五年

(4)ドイツ
ラインハルト・ゲーレン『諜報・工作――ラインハルト・ゲーレン回顧録』読売新聞社、一九七三年

(5)ソ連
オレグ・ペンコフスキイ『ペンコフスキー機密文書』集英社、一九六六年
クリストファー・アンドルー他『KGBの内幕――レーニンからゴルバチョフまでの対外工作の歴史』（上、下）文藝春秋、一九九三年
(6)イスラエル
エフライム・ハレヴィ『モサド前長官の証言「暗闇に身をおいて」』光文社、二〇〇七年
(7)傍受
ジェイムズ・バムフォード『パズル・パレス――超スパイ機関NSAの全貌』早川書房、一九八六年
ジェイムズ・バムフォード『すべては傍受されている――米国国家安全保障局の正体』角川書店、二〇〇三年
(8)CIAの対日工作
春名幹男『秘密のファイル――CIAの対日工作』（上、下）共同通信社、二〇〇〇年
有馬哲夫『昭和史を動かしたアメリカ情報機関』平凡社、二〇〇九年
(9)KGBの対日工作

スタニスラフ・レフチェンコ『ＫＧＢの見た日本――レフチェンコ回想録』日本リーダーズダイジェスト社、一九八四年
イワン・コワレンコ『対日工作の回想』文藝春秋、一九九六年

独自戦略の模索が情報組織構築のもと

第十章

情報機関との交わり

ＣＩＡはワシントンの中心地から約八マイル離れたバージニア州ラングレーにある二五八エーカーの広大な土地に、一四〇万平方フィートの床面積、七階建ての本部をもつ。周りは森に囲まれている。

ＣＩＡはこの建物に外国人をほとんど入れない。ＣＩＡが外国でスパイ工作を行なうときには、極力前面に出るのを避ける。工作は現地人のスパイが実施する。この現地人のスパイを動かすのが、ケース・オフィサーと呼ばれる人々である。ケース・オフィサーは外見上、大使館員、ジャーナリスト、大学教授などになっている。外国人がＣＩＡの建物に出入りし、知っている人物を見つければ、ＣＩＡの組織が暴露される危険がある。

ロンドンのテームズ川は観光スポットである。このテームズ川にかかる橋の一つ、ボクソール橋の脇にバビロンの塔を彷彿させる要塞風の異様な建物がある。これがジェームズ・ボンドで有名な英国情報機関ＭＩ６の本部である。車で入るには地面から上下に移動するいくつかの柵を越えなければならない。

韓国の国家安全企画部も広大な敷地をもつ。外観だけを見れば、大学のキャンパスの雰囲気である。

私は外務省の情報部門で、分析課長、国際情報局長だった。仕事の関係で、世界の主な情報機関を訪れた。米国、英国、ドイツ、カナダ、オーストラリア、シンガポール、イスラエル、イラン、エジプト、ヨルダン、サウジアラビア等を訪問した。印象に残るのはイランの情報機関である。イランではいまでも反体制派のテロ活動がある。警備が物々しい。軍の部隊の雰囲気をもっている。臨戦態勢の緊張感がある。

こうした各国情報本部を訪問したのち、日本の情報関係機関の建物を回ってみれば、日本の情報機関の実態が分かる。まったく存在しないに等しい。

日本は現在「情報コミュニティ」と呼ばれる、情報に特化している組織を五つもつ。内閣情報調査室、外務省国際情報統括官組織（元国際情報局）、防衛省情報本部、公安調査庁、警察庁である。これら組織が占めているスペースを見れば、とても国家としての情報を扱っているといえる規模ではない。かろうじて防衛省情報本部のみが一定のスペースをもち、情報本部という名に相応《ふさわ》しい設備をもっている。これが日本の実態である。

私が分析課長、国際情報局長時代に世界の主な情報機関本部を訪れたときは、相手は基本的に分析の専門家で、工作員ではない。しかし、海外に赴任しているときは、工作員と思われる人物と遭遇する。とくに私の任地は「悪の帝国」のソ連、「悪の枢軸」のイラン・イラクや、ソ連崩壊後の中央アジアである。当然、この地には情報機関の人間が蠢《うごめ》いている。

こうした地では、大使仲間にも母体が情報機関の人間がいる。ウズベキスタンでは元MI6の大使がいた。アラビア語、中国語、ロシア語に精通している。彼は引退後、オックスフォード大学の教授になった。

出身母体が情報機関という大使には、イランでも出会った。同じ大使仲間ということで、ウズベキスタン、カザフスタン、アルメニア、グルジア、ウクライナなど、旧ソ連圏の大使と交流した。このなかには一九四三年十一月、チャーチル、ルーズベルト、スターリンが初めて会合したテヘラン会議のロシア側通訳もいた。今日でもテヘラン会議の会場はロシア大使館のなかにある。

冷戦時代は、諜報分野ではCIAとKGBの戦いである。たぶん、一九九〇年代初めであったろうか。GRU（連邦軍参謀本部情報総局）の元将校がソ連（あるいはロシア）で発行された雑誌に、GRU時代の体験を書いた。いかに勧誘され、訓練を受けたかを詳細に記述していた。

GRU見習将校のときに、ロシアの軍事工場から機密情報を盗み出せという課題が与えられる。成功すれば海外赴任の資格がもらえる。失敗すれば情報組織から追い出される。訓練といっても真剣勝負である。

この見習将校は、機密情報を持ち出すことに成功する。ただし彼の標的となり、機密情報を渡した技師は銃殺された。訓練といっても、これだけの真剣みをもっていた。

イランにいた旧ソ連圏の大使には、旧ＫＧＢの人間が多かったようである。彼らはペルシア語の専門家だった。アフガニスタンで最も人口の多いパシュトーン人は、ペルシア語系のパシュト語を話す。したがって、彼らのほとんどはソ連のアフガニスタン戦争に関与した。

そのなかでとくに事情通と見られる大使を公邸に呼んで、二人で食事をした。彼は旧ソ連時代、ＫＧＢの将軍クラスだった。アフガニスタンで三度死んだと思ったという。一度は乗っていたヘリコプターが撃ち落とされたとき。このときはドアを破って飛び降りた。一度は乗っていた車が数人のゲリラ兵に待ち伏せをくらったとき。まさに映画『ランボー／怒りの脱出』の世界である。

わが方の公邸でこうした話を聞いていると、給仕がふだんより頻繁に食堂に入ってくる。公邸での給仕は、残念ながらイラン人である。ころ合いを見計らって、「貴方はイラン軍部のもとで、北朝鮮の人物が働いているのを知っているようだが」と問いかけたら、きっと睨《にら》みつけられた。「明日、自分の公邸に来い」という。イラン側の盗聴器が当然入っている日本大使公邸で、そんな機微な内容を話せるわけがないではないかという表情である。たしかにわが方の大使館、公邸には、イラン情報機関が活動した跡がある。しかし、防諜対策はないに等しかった。

こうして振り返ってみると、日本は情報分野では、建物もしかり、人間もしかり、組織や人が存在しないに等しい。

敗戦と情報機関の崩壊

どうして、こういう状況になっているのか。

第二次大戦前の日本の諜報組織は、かなりの水準に達していた。私は「自分の義父は汪《おう》兆銘《ちょうめい》（日本との和平に前向き）の政治顧問をしていた」という旧軍将校に会った。世界的ベストセラー『ワイルド・スワン』の著者ユン・チアンが『マオ――誰も知らなかった毛沢東』を出版したが、取材中「日本にはこういう軍人がいる。彼は上海で諜報活動を行ない、一時、毛沢東と協力関係にあったようだ。確証を得たいので探してくれないか」と問われた。日本の情報将校は国民党と戦うため、毛沢東と一時、協力関係にあった。中国の資料から、日本の情報将校を特定していた。

　こうした動きは、戦前日本が行なった情報活動の氷山の一角である。諜報が日本になかったわけでもない。戦後の諜報組織の欠如は、第二次大戦の敗戦にまでさかのぼる。「もはや戦後ではない」は、一九五六年七月に発表された『経済白書』の文言である。この言葉は戦後の占領下体制のもと採用された政策がすべて消滅したかの印象を与える。だが、そうではない。安全保障の分野では、占領時を脱却していない部分が多い。

　日本の敗戦後の占領下、米国が最も重視した政策は、日本が二度と軍国化しないことである。そのためにいろいろな装置をつくった。日本は今日に至るまで、独自の戦略的攻撃兵器（相手の国の死活に影響を与えるレベルの攻撃兵器）をもっていない。日本では自衛隊に対して文民統制、シビリアンコントロールが説かれているが、大学で軍事・安全保障に特化した講座はまずない。このなかで、シビリアンがどうして国際水準に達する安全保障の知識を得られるのか。

　二〇〇九年四月、日米の安全保障を協議する会議に出た。米国側には大使経験者等、米国政府の中枢で働いた人間がいた。ここで米国人の一人が投げ捨てるような言葉を吐いた。

「いいですか。これから一年間、米中間できわめて高度な戦略協議が行なわれていきます。

では、日米はどうなりますか。ハイレベルといっても、また沖縄の基地の問題です。五年前にすべて解決したという問題を日本はもう一度、協議したいという。もう、うんざりです。こんな問題は不動産屋やハウスキーパー（執事ないし家政婦）の仕事です。中国で戦略論を論議してくるクリントン国務長官に、不動産屋やハウスキーパーの仕事を論じろというのですか」

大学で系統立てて教育を受けていない文官が、どうして戦略論を米国の要人と議論できるのか。歴代の総理に次の問いをしてみるのがよい。

「たしかに貴方は外務省や防衛省から、どの政策をとるべきだという助言を受けてきた。では、その背景にある戦略の説明を受けましたか」

ない。戦後解体されて復興しないものに情報機関がある。

インテリジェンスとは何か

インテリジェンス、情報とは何か。

その際、ロバート・ボウイという人物に着目してみたい。第一章で私が一九八五年ハーバード大学国際問題研究所に籍をおいたことに言及した。一九五八年、初代所長がロバート・

ボウイである。

　彼は国務省政策企画部長で、アイゼンハワー大統領の対ソ連政策に関与し、のちにハーバード大学教授になる。われわれは、米国に「産軍共同体」が存在するとしばしば聞く。どうもこれに「学」が加わり、産業・軍事・学界共同体が存在しているようだ。第一章でMITでのミサイル防衛についてのセミナーに言及した。ハーバード大学も産業・軍事・学界共同体の一翼を担っている。

　ロバート・ボウイに関していえば、彼はハーバード大学を辞めたのち、ターナーCIA長官のもと、CIAの分析部部長（当時CIAはスパイ部、技術開発・運用部、分析部の三部門に分かれていた）となっている。映画『北北西に進路を取れ』で情報機関の長として学者風の人物が出てくるが、ロバート・ボウイがCIAの分析部部長であったことを見ると、映画は実態を反映している。

　このロバート・ボウイは「インテリジェンスとは何か」について、名言を述べた。

「インテリジェンスとは行動のための情報（information）である」

　新聞にさまざまなニュースがある。これは多くの人にとり、information である。これが外交や軍事の行動を前提にして集められると「インテリジェンス」になる。

大学教授が中国の軍事について講義する。この段階では中国軍事情勢は教育の材料に留まる。学生には、informationである。しかし、防衛省が尖閣《せんかく》諸島の防衛のために、この大学教授から中国軍事情勢を聞けば、インテリジェンスになる。同じ内容でも、行動を前提とするか否かで、インテリジェンスとinformationに分かれる。

ロバート・ボウイの「インテリジェンスとは行動のための情報（information）である」という表現を念頭におきつつ、なぜ日本で情報機関が弱いかを考えてみたい。

国家の組織で対外活動をするのは、軍事と外交がある。情報は、軍事と外交の場で行動を起こすことを前提とする。要は、この部門で日本がどこまで独自の外交と、独自の軍事を展開する意思があるかにかかる。独自の軍事政策、外交政策を追求すれば、独自の情報が必要となる。日本の軍事政策と外交政策が米国依存なら、独自の情報機関は不要である。

いま、軍事面でインテリジェンスを必要としているか

まず軍事の面を見てみよう。

春原剛《すのはらつよし》は『同盟変貌——日米一体化の光と影』（日本経済新聞出版社、二〇〇七年）で、「日米同盟といっても、これまでは一方的に米国が決めてきただけ」という守屋武昌《もりやたけまさ》元防衛事務

次官の言を紹介している。

また、ある元防衛次官が私的な会合で次のようなセリフを述べた。

「日本の海軍力、空軍力はきわめて強い。中国であれ、ロシアであれ、この脅威は深刻に受け止めている。だけど、一本立ちできないようになっている。米国の作戦がとられたときには有効に機能する。しかし、日本だけでは根本的欠陥があって、何もできない」

このセリフも日本の安全保障政策に独自性がないことを示している。学者の発言ではない。日本の防衛責任者の少なくとも二人が、日本の防衛政策に独自性がないと述べている。

しかし、この発言は現在の日本をそのまま示している。マイケル・グリーンは、ブッシュ政権でアメリカ国家安全保障会議（ＮＳＣ）の日本・朝鮮担当部長（二〇〇一年―〇四年）、アジア上級部長（二〇〇四年―〇五年）を歴任した、対日政策の要《かなめ》にいた人物である。彼は論文「力のバランス」で次のように記している。

「サンフランシスコ講和会議時、ダレスは日本との戦略的取り決めを説明した。第一に、日本は民主主義共同体に留まる。第二に、日本は攻撃能力を発展させることはない。第三に、アメリカは日本国内に基地を有する。ダレスにとり、この三点は譲れないものであった」

また、駐日米国大使顧問などを歴任したケント・カルダーは『米軍再編の政治学――駐留米軍と海外基地のゆくえ』（日本経済新聞出版社、二〇〇八年）で、「米軍基地は日本を無力化させる目的をもっていた」と記している。

防衛庁の次官経験者が、日本には独自の戦略がないといい、米国政府の要職を務めた人間が、日本の軍事力には戦略的攻撃能力がないと明言しているなかで、どうして独自の安全保障政策があるのか。

「第六章　スパイより盗聴」の「日本独自の情報衛星を保有せよ」の項で、米国国防省は日本の独自情報衛星の保有に反対であったことを見た。米国国防省は、日本が独自に北朝鮮のミサイル配備状況を知る必要性を認めていない。米軍と一体になって動く運用面での貢献を望んでいる。

同じく「第六章　スパイより盗聴」の「日本の傍受能力」の項で、一九八三年九月一日、大韓航空ボーイング747がソビエト連邦領空を侵犯した際に、自衛隊がソ連の戦闘機と地上管制官との会話を解読していたのを見た。今日でも、傍受など自衛隊の情報収集能力はずば抜けた分野をもっている。

さきに「日本の海軍力、空軍力はきわめて強い。中国であれ、ロシアであれ、この脅威は深刻に受け止めている。だけど、一本立ちできないようになっている。米国の作戦がとられたときには有効に機能する。日本だけでは根本的欠陥があって、何もできない」という元防衛事務次官の発言を見た。情報分野も同じである。

部分的に見ると凄い。しかし、戦略的攻撃能力をもたない国は、誰が敵か、どう攻撃するか、何が有効な対応策か、その国の政情はどうか、を総合的に考えることはしない。情報分野にも根本的欠陥をもっている。

「第一章　今日の分析は今日のもの、明日は豹変する」の「ミサイル防衛のセミナー」の項で、北朝鮮のミサイルにどこまで日本が対応できるか、その疑問を記述した。日本のどこが、ミサイル防衛が真に機能するか否かの研究をしてきたのか。

しかし、政治の分野を見れば、その方向性は日米間で明確に決定されている。一九九七年の「日米防衛協力のための指針（ガイドライン）の見直し」では、「自衛隊および米軍は、弾道ミサイル攻撃に対応するために緊密に協力し調整する」としている。

そして日米安全保障関係で共通の戦略基盤が整備されていく二〇〇五年には、まず二月十九日の共同発表文書において、「閣僚は、日本による弾道ミサイル防衛システムの導入決定などに留意しつつ、政策面および運用面での緊密な協力や、共同開発の可能性を視野に入れて前進させるとのコミットメントを再確認した」とし、十月の「日米同盟：未来のための変革と再編」で、「二国間の安全保障・防衛協力において向上すべき活動の例」で最も詳細に記述しているのが弾道ミサイル防衛である。

通常、政策は次の過程をとる。「情報入手」→「情報分析」→「政策決定」。

しかし、ミサイル防衛については、まず政策決定が先行する。それも日米の約束が先行する。

二〇〇五年十月、日米は「日米同盟：未来のための変革と再編」に合意し、日米が「共通の戦略」で行動することを決めた。ここでは情報については、「共通の情勢認識が鍵である」「部隊戦術レベルから国家戦略レベルまで情報の共有を向上させる」「秘密情報を保護する追加的措置をとる」とされている。

ここでは日米の情報の一体化が促進されていく。米国が与えたものが共通の情報になる。だから、守ることがとくに求められる。将来「情報の保護」の面が強調されるときには、日米情報の一体化の動きが同時に進展していると見てよい。

いま、外交面でインテリジェンスを必要としているか

では、外交ではどうであろうか。近年、対外交面でも日米一体化が顕著である。冷戦後、

国際問題で最大の案件はイラク問題である。私は『中央公論』二〇〇三年五月号「『情報小国』脱出の道筋」で、次のように記述した。

「今、イラクをめぐり、米英首脳対仏独首脳の対立がある。それはフセイン大統領、イラク大量破壊兵器の危険性等の情勢判断をめぐる対立でもある。…（中略）…アメリカと異なった政策を出す独、仏、露、中もまた各々の情報機関が指導者の見解を支える」

ここでは、「米国がイラクの大量破壊兵器の危険を強調しているが、実際はそうでないとの情報を独、仏、露、中はもっているだろう」との意味合いを述べている。

私自身はイラク戦争に疑問をもち、いろいろな場でその懸念を述べた。その一環として、二〇〇二年十一月二十六日、参議院外交防衛委員会で参考人として次の発言をした。

「私はイラクに対する軍事攻撃がなされた際、仮に軍事行動自体が何の問題なく推移したとしても、軍事行動後のイラクの政治状況の安定性については相当の懸念をもっております」

当時としては、かなり大胆な発言である。事態はほぼそのとおり推移した。しかし、イラク問題に精通している者の意見を聴取すれば、こうした結論は容易に出てきた。

日本というのは不思議な国で、この当時、イラク攻撃への疑念を述べた人はほとんど淘汰《とうた》された。米国の情報をそのまま受け入れ、大量破壊兵器の保持、アルカイダとの結びつきを強調した人は、情報・安全保障の専門家としての地位を確立した。大量破壊兵器の不在などが明確になった今日、淘汰された人はそのまま、地位を確立した人もそのまま。不思議である。

外交分野でもまた、防衛に関して述べたのと同じことが起こっている。通常、政策は次の過程をとる。「情報入手」→「情報分析」→「政策決定」。しかし、イラク戦争参加はまず対米関係の観点から決められた。イラク情勢の客観的分析からは始まっていない。

二〇〇五年の「日米同盟：未来のための変革と再編」で、日米は共通の戦略で動くとされ、また二〇〇五年二月十九日付「2プラス2 共同発表文書」では、対中国、北朝鮮等について一二項目、世界においては「テロを根絶する」「民主主義を推進する」などの六項目の共通の戦略目標が決まっている。

繰り返すが通常、政策は次の過程をとる。「情報入手」→「情報分析」→「政策決定」。しかし、まず日米の合意で、戦略目標が決められている。

振り返ると、私が外務省に入省し、働きはじめたころ、外務省は独自に情報を集め、考えることを重視した。日本の頭越しでのニクソンの中国訪問発表が、この傾向を強化した。一九七〇年代初め、外務省のなかに調査部が設けられ、分析課や企画課が設立された。企画課には誰もが認める省内きっての頭脳集団が集まった。そして一九八四年、国際情報局が設立された。国際情報局設立にあたっては、複眼的情報分析をすることが謳われた。

しかし、いま外務省に国際情報局は存在しない。局長の代わりに「国際情報統括官」がつくられ、分析課長の代わりに「国際情報官」ができた。企画課長が「政策企画官」となった。日本の官庁組織では、「局」や「課」が基本である。この基本から外れた体制をつくっていることは、外務省内で、情報機能や政策企画機能が低下していることを示す。

これらはいずれも独自外交を展開するうえで目になり頭脳になる。これが明らかに軽視されている。

外務省内で国際情報局の存続の是非が議論されたとき、「外務省内での情報は共有されている。各地域部局で分析しているから、ことさら情報の専門部局は不要だ」との議論もあった。たぶんこの見解は今日、外務省内で高い支持を得ているものと思う。

しかし、これは間違っている。「第四章　まず大国（米国）の優先順位を知れ」で、なぜ外務省がニクソン訪中を予測できなかったかを見た。アメリカ関係者や中国関係者は、そんなことはありえないと一蹴した。しかし、ベトナムやソ連の視点から見ると、ニクソン訪中は予測できた。国際情勢の分析にはグローバルな視野がどうしても必要である。地域情勢は、地域の専門的知識ですべて解るものではない。

AとBに同じ内容の情報が伝えられたとしよう。この意味合いをどう理解するかは、人により異なる。国際情勢の歴史の理解や、各国情勢の理解の度合いで、同じ情報でも、その情報に与える価値が異なる。さまざまな情報に対して的確な判断をするには、長い勉強が必要である。

こうしたことは何も情報に限らない。人生の至るところに見られる現象である。絵画や音楽の分野を見ても同じである。同じ絵を見、同じ曲を聴いても、人々の鑑賞の度合いはまったく異なる。どれだけ多く絵画や音楽の分野に慣れ親しんできたか、理論にどこまで通じているかで、感動の度合いが異なる。

この問題を囲碁や将棋の世界に置き換えてみれば、物事がより明確になる。私は囲碁を少しするが、最近の対局では二〇〇八年年末に行なわれた将棋の「竜王戦」は、羽生善治《はぶよしはる》名人が勝利し「永世七冠」になるか、渡邊明《わたなべあきら》竜王が勝利し永世竜王になるか、がかかった大一番であり、世間の注目を浴びたので、これを例にとってみたい。

ここに両者の棋譜《きふ》がある。これをアマ一級の者、アマ三段の者、プロ九段の者が見る。同じ棋譜であっても、この棋譜の重要性はおのおのの能力によってまったく異なるものが見える。一級の者にはプロ九段の見方は分からない。同じ棋譜が配られるからといって、九段の人が不要であるということにはならない。

さらに重要なことは、同じ能力の層、プロ九段にしても、棋士によって評価は驚くほど異なる。このことは「第七章『知るべき人へ』の情報から『共有』の情報へ」で、発信者が作成した要旨というかたちで、私が「生の情報」をできるだけ外務省の幹部にあげるシステムをつくろうとした理由でもある。分析課長が消化した分析は、いかに勉強しようと、しょせん、あくまでプロ三段か四段の理解したレベルにすぎない。プロ九段が直接、棋譜を見れば、まったく違う像が見えてくるかもしれない。

国際情勢の理解も、蓄積や歴史・理論面の勉強で、同じ情報で見える価値が異なる。個々人が努力するのはよい。しかし、同時に組織として情報に特化した部局を強化する必要性がある。情報の専門家を育てる必要がある。しかし残念ながら、今日の外務省は逆コースを歩んでいる。情報の当然の論理すら理解されない事態を招いてしまった。どこで狂ったのだろう。誰が狂わせたのであろう。

情報機関とは何か

国としての情報分野を考える前提として、国家の情報機能を分類してみよう。

国家の情報機能の分類

	目的	手段	実施者
A	指導者・政権の擁護	物理的盾など 反対者排除工作	SP、シークレットサービス 指導者周辺、秘密警察
A′	政策の擁護	マスコミ等への情報提供	各省庁など
B	外国工作の阻止（防諜）	情報・工作	FBI・MI5等
C	対外国工作	情報・工作	CIA・MI6等

国家の情報部局といっても、さまざまな機能がある。任務によって、哲学が違う。働く人間の生き方が違う。

まず、指導者・政権の擁護を見てみよう。要人の警護を行なうSPやシークレットサービスは分かりやすい。物理的な盾となり、要人襲撃を防ぐ。ここでは何が何でも要人を守ることが最優先される。

次いで、情報機関の機能に、反対者の抹殺がある。これは全体主義的国家では今日も行なわれている。二〇〇六年十月十一日、英国『ガーディアン』紙は「独立のジャーナリズムはロシアで死んだ（Independent journalism has been killed in Russia）」の表題のもと、次の報道を行なった（筆者訳）。

「先週の末、ロシアのジャーナリスト、アンナ・ポリトコフスカヤの死以降、誰が殺害の背景にいるかについて、多くの憶測が行なわれてきた。そのなかには殺害は政治的に動機づけられているとしたり、クレムリン内のグループの指令によって行なわれたとするものもある」

世界新聞協会は二〇〇七年六月五日、「プーチン大統領が二〇〇〇年三月政権を握って以来、二一名のジャーナリストが殺された」として、ロシア当局に捜査を呼びかけている。

また、イランに関しては過去、政治家、ジャーナリスト等が殺害された例が多く見られるが、二〇〇七年十一月二十八日付『ニューヨーク・タイムズ』紙が「イラン最高裁判所は、収監中殺害されたイラン系カナダ人写真家の死亡を再調査するよう命じた」と報じるように、国家権力による殺害が疑われる事例が数多く起こってきた。

SPや、反対者を物理的に抹殺する分野で動く者に求められる資質は、俊敏な判断力と高度な運動能力と絶対的な忠誠心である。

しかし、政治家やジャーナリストを抹殺する手段は、物理的暴力だけではない。社会が高度化すると、抹殺の手段は多様化する。目的は、反対者に発言の機会を与えないことである。発言者が社会的制裁を受けることによって、発言自体の信憑性《しんぴょうせい》に疑問を与えるかたちをとればよい。後者は、いわゆる民主主義国家でしばしば実施されている。ここに国レベルでの情報操作が関与する。

さらに、国で政策にたずさわる機関は、恣意《しい》的情報を強調することによって、指導者を擁護し、政策を擁護する。最も典型的なケースは、イラク戦争前の米国政府の動きである。

ブッシュ（息子）政権はイラク戦争前に、イラクの大量破壊兵器の保持やアルカイダとの結びつきを誇張して情報提供した。さらにイラクの大量破壊兵器の保持やアルカイダとの結びつきについて疑念を発表する者には、報復し、発言の機会を奪っていった。こうした動きは、日本でも無縁でない。この分野で働く者は、思想的にはSPと似ている。指導者に対する絶対的な忠誠心である。

指導者や政権の擁護の一環として、特定の政策を推進したり、擁護するケースがある。『選択』二〇〇九年五月号は「〝麻生の威〟を借る亡国外務省」の標題のもと、次の記述をしている。

麻生首相の外交舞台での振る舞いを、手放しでほめたてる外務省の真意ははっきりしている。……だが「面倒をみてもらったからお返ししたい」という外務省の発想は、外交という国家の重大事と次元が異なる。……外務省が政治家に擦り寄った時は、必ず大きな誤りが起こる。……（麻生首相の訪米に対する米国の冷ややかな対応、北朝鮮ミサイル発射における日本の強硬な対応と冷静な米国などの動き等に言及）……最近の例をとっても、森政権時代の「北方領土は帰ってくる」、小泉政権時代の「日本は国連安全保障理事国の常任理事国になる」、安倍政権での「北朝鮮は、日本人拉致被害者を帰国させよ」という一連のキャンペーンだ。いずれも時の首相に何とか得点をあげさせようと苦戦して、すべて完敗した。

パターンも同じだ。勝算がないのに、首相サイドに「何とかなるかもしれない」とあいまいな見通しを伝え、メディアを巻き込んで国民の間に根拠の無い幻想を作り出し、結局失望させて終わる。……政治家の得点稼ぎに加担して共倒れになる愚を、外務省はいつまで続ける気なのか。

ここ十年くらい、総理が外交関係で積極的に動いているという印象を与えるため、外務省は実現不可能というべき政策を総理に提言し、マスコミに売り込む傾向が強まった。総理に政策提言する前に、次の客観的な情報を述べるべきである。

「ロシア現政権には、歯舞《はぼまい》、色丹《しこたん》を除き、北方領土で日本に譲歩する可能性はまったくありません」

「米国をはじめ各国の対応を見ていると、いま、日本が国連安全保障理事会の常任理事国になれる可能性は存在しません」

「北朝鮮は対日対応を硬化させており、拉致問題で譲歩する見通しは少ない」

重要なことは、「得点稼ぎ」の外交政策が出されるときには、冷静な情報分析は不要である。「総理、この政策を実施すると国民の人気があがりますよ」といっている脇で、「ところで、私どもの組織のなかに国際情勢を真剣に検討しているところがありまして、そこはこうした政策が成功する可能性はゼロと報告しています」と同時に報告することはありえない。「得点稼ぎ」の外交政策を出す層にとっては、客観的情報分析をする層は不要なだけでない。邪魔である。

「じつはロシアも、日本人の気を引くために領土問題で譲ることを真剣に考えているそうですよ」とか、「米国国務省の誰それは、日本の国連常任理事国入りを支持するといってます」とか、耳触りのよい情報を好む。

外交政策で指導者に都合のよい政策を提言するときには、べつに国際情勢がどうなっているか調査する必要はない。

CIA・MI6（スパイ）とFBI・MI5（防諜）の違い

国家の情報機関をつくるときには、上記の分類の機能を別々にもつ必要がある。「情報」という言葉で、すべてが括《くく》れるわけでない。

外国の情報を入手するほう（ＣＩＡやＭＩ６タイプ）と、敵の工作を防御するほう（ＦＢＩやＭＩ５）とは、多くの点で逆である。

ＣＩＡやＭＩ６タイプは、相手国から情報をとる必要がある。相手国の社会に入らなければならない。危険だから控えるというわけにいかない。ＦＢＩ・ＭＩ５タイプは、外国人は危険だ、できるだけ接触するなと説く。

ＣＩＡやＭＩ６タイプは、基本的に一人で動く。優れた個人プレーが必要だ。防御側は、しばしばチームで動く。尾行でも重要なときには五、六名が交互に、かつ、しばしば服装を変え、できるだけ相手に気づかれないように動く。ＣＩＡやＭＩ６タイプは、相手に強い印象を与え、自分は特別に情報を提供してもよい人物であることを説得しなければならない。目立たないだけでは困る。

ＣＩＡやＭＩ６タイプは音楽を聴き、絵画を見、本を読み、幅広い人間性を築き、相手に入るきっかけの持ち駒を増やす。ＦＢＩやＭＩ５には、これは必要ない。

ＣＩＡやＭＩ６タイプは、戦略を考え、外交、安全保障を学び、入手する情報の価値が分からなければならない。ハーバード大学などの教授は、ＣＩＡに積極的に関与した。ＦＢＩやＭＩ５には、ハーバード大学教授は必要ない。

優劣の問題ではない。種類、タイプが異なる。日本の情報組織を構築する際、この違いを理解する必要がある。

日本で「情報コミュニティ」と呼ばれる、情報に特化している五つの組織のなかで、ＦＢ

Ｉ・ＭＩ５は警察庁、公安調査庁、内閣情報調査室。ＣＩＡやＭＩ６タイプは外務省国際情報統括官組織（元国際情報局）、防衛省情報本部である（内閣調査室、および公安調査庁も、部分的にこの役割を担っている）。

私は研修時代を含め英国勤務が四年で、どちらかというと英国のシステムに通じている。ここで英国のシステムを見てみよう。

英国情報機関のうち、ＭＩ５（Military Intelligence section 5）は内務大臣、ＭＩ６（Military Intelligence section 6）と政府通信本部は外務大臣、国防情報本部（ＤＩＳ）は国防大臣の管轄下にある。首相は情報機関全体の責任をもつ。情報機関全体のとりまとめとして、合同情報会議がある。情報は需要者と密接に関係する。本章の「インテリジェンスとは何か」の項で、「インテリジェンスとは行動のための情報である」とのロバート・ボウイの言葉を見た。情報は行動を取る官庁と密接な関係を保つ必要がある。その意味で、ＭＩ６が責任者を外務大臣とし、外務省と最も密接な関係にあるのは、きわめて自然である。

合同情報会議の構成は、情報需要サイドとして、外務省、国防省、通商産業省、首相府等であり、情報提供サイドとして上記情報機関がある。

歴代のＭＩ６長官の経歴を見ると、外国経験が長く、いくつかの言語を習得している。一番最近の長官はジョン・ソワーズ（二〇〇九年―）であるが、彼は国連大使、首相補佐官、米国、イエメン、南アフリカなどに勤務、大学では物理、哲学専攻、趣味として演劇、ハイキング、テニス、という経歴をもっている。SPタイプではない。

将来日本の情報分野を強くしたいという議論を真剣に行なうときには、国家の情報機能の分類、A：指導者・政権の擁護、A′：政策の擁護、B：外国工作の阻止（防諜）、C：対外国情報工作の、どの部門を強化したいか、明確にする必要がある。そして、そのための人材確保、組織のあり方を考える必要がある。A、B、Cをすべて統括することは不可能に近いことを、まず認識すべきである。

繰り返すが、AやBは、Cの対外国情報工作グループとは異なる。仕事に対する哲学が異なる。教育が異なる。人間の生き方が異なる。評価が異なる。A（政権の擁護）やB（外国工作の阻止）の道を歩んできた人に、情報分野だからといってC（対外国情報工作）の任務を与えるのは無理がある。残念ながら、日本の情報機関の組織づくりには、この認識がない。

外交工作の阻止と対外情報工作の違いを認識することは、情報組織を構築するうえできわめて重要なので、この点を具体的ケースで見てみたい。

たとえば、いま日本にAという人物がいたとしよう。彼がロシアで情報収集活動をしたとする。防諜のロシア連邦保安庁（ＦＳＢ）の立場からすると、ロシア情勢の情報をとる、とんでもない人物ということで、逮捕しようとする。しかし、Ａの日本での発言がロシア政府にプラスなら、ロシア対外情報庁（ＳＶＲ）は彼を守る。ＦＳＢとＳＶＲでは、同じ人物の評価でも一八〇度変わる。

ＣＩＡとＦＢＩも同じである。米国で一九九〇年代、経済分野でＣＩＡ等が日本をターゲットとして動くのを見た。ＦＢＩから、米国の経済情報を集める人物として注意すべきとされた人物がいたとしよう。ＣＩＡはこれを利用し、自分の組織の協力者に仕立てあげることができる。同じ人物でも、一つの組織は敵と見なし、一つの組織は自分たちの使える駒と見なす。物の見方が違うのである。

米国では対外情報のＣＩＡと防諜のＦＢＩは、まったく別組織である。英国でもＭＩ６とＭＩ５は別組織である。ロシアのＳＶＲとＦＳＢは別組織である。日本にはＣＩＡ、ＭＩ６、ＳＶＲに類した組織がないことに配慮して、組織づくり、人づくりを考えるべきである。

情報機能を強化するために

政策と情報の関係をどうするか。これが最も難しい。

私が分析課長のころ、国際情勢に関する「日報」を作成し、省幹部や官邸に配布していた。

突然、有力地域局の課長から電話が来る。「孫崎、何を官邸にあげたのだ。俺の政策を潰す気か」。在外の大使館からも電話が来る。「そんな分析を省幹部にあげて、どう責任をとってくれるのだ」。

分析課員も最も緊張するのは、誰が電話で私に怒鳴り込んでくるか、だった。この電話で、分析が間違っているとの抗議はなかった。あったのは「君の情報はわれわれの進めている政策の邪魔をする」という点だった。

特定の国との経済協力プロジェクトが存在する。そこにこの国が不安定という情報が官邸に行く。総理秘書官から「こんな不安定な国との経済プロジェクトを進めていいのか」という問い合わせが来る。主管課は「経済プロジェクトを進めるために、政治の不安定を呑み込んでいるのに、分析課がほじくり出してけしからん」という反応だった。米国との関係を発展させることが外務省にとっての最大の問題である。それなのに、外務省のなかにあって、なぜ米国政権の不安定を強調するのだという声もあった。

情報分野の仕事をしていて最も難しい問題は、政策サイドとの調整である。とくに『選択』二〇〇九年五月号掲載の「〝麻生の威〟を借る亡国外務省」のような動きがあると、客観的分析を押し通そうとする部局や人物は潰される。

本章の「インテリジェンスとは何か」の項で、「インテリジェンスとは行動のための情報である」を見た。情報は政策決定のためにある。通常は「情報→政策決定」の過程をたどるが、「政策決定→情報」という流れになることがある。すでに何らかの理由で政策が決定され、それを正当化する情報が求められるケースである。イラク戦争がそのケースである。ある意味ではイラク戦争に参加した日本政府が求めていたものでもある。

二〇〇五年十月の「日米同盟：未来のための変革と再編」で、日米が「共通の戦略」で安全保障問題に対処することが決められ、情報分野では「よく連絡のとれた協力のためには、共通の情勢認識（situational awareness）が鍵であることを認識しつつ、あらゆるレベルにおける情報（information）共有と情報（intelligence）協力を進める」とされている。これまで見たinformationとintelligenceの違いを見れば、じつに興味深い。米国はinformationの提供は約束している。しかし、intelligenceの提供は約束していない。

いずれにせよ、情報の共有が進むなかで、日本の情報分野はどうなるであろうか。当然、米国からもらった情報（information）を守るため、「共有された秘密情報（classified information）を保護するため追加的措置をとる」となる。

こうしたなかで、日本独自で情報を収集する努力は強化されるのであろうか。

私は情報機関のあり方について、二つの場所で主張を行なった。

一つは『中央公論』二〇〇三年五月号の「『情報小国』脱出の道筋」である。ここで次のように主張した。


情報分野の貧困は、日本の対外政策の基本とも密接に関係する。わが国の安全保障は〝御犬様に守ってもらうがよい〟とは吉田総理の言である。「わが国が他に脅威を与えなければそれでよし」が、日本および国際社会の認識であった。この状況の下、われわれは物的豊かさを求めればよく、それはアメリカとの緊密な関係で可能であると、ほとんどの日本人は考えてきた。対外政策で「日本は自ら悪はしない。安全確保はアメリカの手で」という考え方の中で、情報分野が育つはずがない。国際化が進む中で「わが国はこう生きていく」という鮮明な意志を有する国のみが強力な情報機関を築く。だからこそ、日本を除くほとんどの国が、守るべきものがあると判断して、強固な情報機関を育てている。

いま一つは、『軍事研究・別冊』二〇〇六年九月号「ワールド・インテリジェンス 第二巻」に掲載された「アメリカ依存の戦略を脱し、自立した情報政策をめざせ」である。

政府の情報機能を強化するといっても、では何のために情報機能を強化するのか？ということが明確になっていない。目的を明確にしないで制度だけの話をしても意味がない。

情報を入手したとしましょう。それはどのように生かされると思いますか。政府の政策に生かされるならいいのですが、政府はその情報によってどの程度政策を変えることになるのでしょうか？ おそらくそれほどは変わらないと私は思います。なぜなら、日本の外交政策は今、アメリカの政策との調整をできるだけ最優先にするという方針になっています。いくら質の良い情報が政府に集まってきても、〝アメリカの政策を支持する〟という日本の基本政策がそれで変わることは考えづらいのです。

たとえば、イラク戦争の前に仮に〝イラクの大量破壊兵器の脅威は存在しない〟という情報があった場合、日本の外交にどういう選択肢がありますか？ それでも結局日本はアメリカとの関係を先ず優先するという選択をしたでしょう。とすると本当に日本は情報機能強化を必要としているのか？　独自の政策を検討するからこそ必要とされるのが情報だと思います。基本的にアメリカと同じ政策を選択するという前提ですと、それなら情報もいらないということになります。

情報機能を実際に実のあるものにするには、日本独自の外交を考える必要があります。そこで本当に考えていただきたいのは、〝日本の国益は何か〟ということです。

一つの考えは二〇〇三年のものである。いま一つの考えは二〇〇六年のものである。いずれも防衛大学校にいるときに、大学校に届け出て対外発表したものである。二〇〇六年のほうが日本に対する危機意識が強い。

「わが国独自の国益があるのか」――この認識が、国家の情報部門を必要とするか否かの一番の決め手である。

私は、情報分野を含め、安全保障面での日米一体化は、いまが頂点にあるのではないかと思う。国際社会での米国の優位性の後退は、避けがたい潮流と思う。同時に中国の力は上昇する。米中の狭間にあって、日本の安全保障政策の舵取りは難しい時代に入る。否応なしに、独自の情報能力が問われる時期が来る。ほんとうはその日に備え、日本は情報機能を強化すべき時期に入っている。

新書版あとがき――リーダーは「空気」を読んではいけない

尖閣問題をめぐる国内世論の動向を見るにつけ、思い出される一冊の本がある。一九七七年に出版された山本七平氏の代表作、『「空気」の研究』（文藝春秋）である。

〈至る所で人びとは、（日本における）何かの最終的決定者は「人でなく空気」である、と言っている〉

たとえば、こうだ。

〈「ああいう決定になったことに非難はあるが、当時の会議の空気では……」

「議場のあのときの空気からいって……」

「あのころの社会全般の空気も知らずに批判されても……」

「その場の空気も知らずに偉そうなことを言うな」……〉

その場の「空気」が、場合によっては、人命や国の行方さえも決定することを、同書は明らかにした。あの、戦艦大和の最期となる沖縄海上特攻作戦を決定したのも、また「空気」だった。

そのくだりを引用しよう。

〈驚いたことに、「文藝春秋」昭和五十年八月号の「戦艦大和」（吉田満監修構成）でも、「全般の空気よりして、当時も今日も（大和の）特攻出撃は当然と思う」（軍令部次長・小沢治三郎中将）という発言がでてくる。この文章を読んでみると、大和の出撃を無謀とする人びとにはすべて、それを無謀と断ずるに至る細かいデータ、すなわち明確な根拠がある。だが一方、当然とする方の主張はそういったデータ乃至根拠は全くなく、その正当性の根拠は専ら「空気」なのである〉

裸の艦隊（戦闘機の護衛なき戦艦）を敵機動部隊が跳梁《ちょうりょう》する外海に突入させれば、たちまちのうちに集中砲火を浴びて撃沈されることは、海軍のプロであれば誰でも容易に予想できることだった。なにより、大和の特攻は、参謀自身が「作戦として形を為さない」と考えている「作戦」だった。しかし、「論理・データ」と「空気」が対決した結果、「空気」が勝利をおさめ、大和は悲劇的な最期を遂げることになる。

〈ではこれに対する最高責任者、連合艦隊司令長官の戦後の言葉はどうか。「戦後、本作戦の無謀を難詰する世論や史家の論評に対しては、私は当時ああせざるを得なかったと答うる以上に弁疏しようと思わない」であって、いかなるデータに基づいてこの決断を下したかは明らかにしていない。…（中略）…こうなると「軍には抗命罪があり、命令には抵抗できないから」という議論は少々あやしい。むしろ日本には「抗空気罪」という罪があり、これに反すると最も軽くて「村八分」刑に処せられるからであって、これは軍人・非軍人、戦前・戦後に無関係のように思われる。…（中略）…空気が、すべてを制御し統制し、強力な規範となって、各人の口を封じてしまう現象、これは昔と変りがない〉

残念ながら、『「空気」の研究』が発表されてから三十五年経つ今日の日本においても、「空気」の支配力は強まりこそすれ衰えることを知らない。

米英が強行したイラク戦争当時のことを思い起こしてみよう。戦争の火蓋がきって落とされるや否や、小泉純一郎首相（以下、肩書きはすべて当時）は外務省が想定していた「理解」を超えて「支持」を表明。以後、国内世論は「同盟国なのだから支援するのは当たり前」「米国に言われたらついていくしかない」という「空気」に支配されていく。

言論界でも、「日本に反米を掲げる『贅沢』は許されない」（椎名素夫参議院議員）とか、「一極体制［米国中心］は少なくとも多極体制や二極体制よりもまし」（山崎正和氏）、「国連中心主義には反対」（北岡伸一東大教授）といった、米国追随路線こそ日本の生きる道、といわんばかりの言論が瞬《また》く間に広まっていった。

実際、このときは「抗空気罪」や「空気昇進」まで発動されている。第十章でも触れたように、イラク戦争への疑念を述べた者はほとんど淘汰《とうた》され、米国の情報をそのまま受け入れ、イラクの大量破壊兵器の保持、アルカイダとの結びつきを強調した者は、情報・安全保障の専門家としての地位を確立したのである。

さらに不思議なのは、米英が開戦事由の第一に挙げた「大量破壊兵器の存在」などまったくの嘘だったことが満天下に明らかになった後でも、日本では、淘汰された者は淘汰されたまま、地位を確立した者もそのままだということだ。

対して、「大量破壊兵器の存在」を「錦《にしき》の御旗《みはた》」に押し立てた米英では、事実が明らかになった後、どうなったか。英国では、ブレア首相とＭＩ６長官が退陣、辞任に追い込まれた。米国でも、ブッシュ（息子）政権第一期の国務長官を務めたコリン・パウエルは、長官退任後、当時国連安保理で列挙した「イラクが大量破壊兵器を保有していることの証拠」が誤認にもとづくものだったことを認め、「人生最大の恥」と深い反省の言葉を述べている。

この違いはどこから来るのだろうか。

やはり、米英では「人」が決定しているのに対して、日本では「空気」が決定しているからではないだろうか。人が具体的な根拠を挙げて決定すれば、結果がどうあろうとも、事後に検証し総括することができる。しかし、「空気」に押し流された決定であれば、根拠があいまいなので総括のしようもない。「あの場の空気ではやむをえなかった」の一言で、いくらでも責任逃れがきく。

つまるところ、日本ではいまだに、客観的な情報に目を向けることよりも、「空気」といっしょにいることが重んじられているのである。これは、外交政策にかぎらない。どのような政策決定を行おうが、問われるのは、その判断が事実に照らして適切だったかどうかではなく、空気といっしょにいたかどうかなのである。

私は、この「空気」と添い寝する傾向がますます強まっているのではないかと懸念している。たとえば、イラク戦争当時、私は、中公新書『日本外交 現場からの証言』で第二回山本七平賞(一九九三年)をいただいてから、中央公論社から毎年二、三本の論評依頼をいただく関係にあったのだが、『中央公論』二〇〇三年五月号にイラク戦争に対する間接的な批判を載せてからというもの、依頼が完全に途絶えてしまった。その場の「空気」に「水を差す」論者は使いたくないという判断が働いていたのではないだろうか。細かくは例示しないが、新聞・テレビなどマスメディアでも「わが社には合わない」からと、異論に対して門戸を閉ざす傾向が強まってはいないだろうか。外交問題にかぎらない。エネルギー・原発問題しかり、そのほかの多くの問題でもしかりである。

いちばん恐ろしいことは、自分にとって都合の悪い情報をシャットアウトすることだ。確実に視野を狭めることになる。外交においては、正確な情報分析に失敗し、相手の動き・変化を見落とし、身内の「空気」にのみ身を浸すことになる。そうなれば、後は身の破滅あるのみだ。

ただ私は、たとえマスメディアが「閉ざされた言語空間」になりつつあるとしても、悲観はしていない。書籍出版の世界では、いまでも大いに言論の自由が保証されているし、ネットの世界では、「ツイッター」などのソーシャルメディアを利用した個人発信の可能性が広がっている。かくいう私も「ツイッター」のユーザーで五万人のフォロワーに支えられている。開かれた言語空間でのダイレクトなやりとり。ここに、「空気」に抗する可能性が見出されるかもしれない。

知人の中国人女性（ご主人が日本人で、親日家）が面白いことを言っていた。

「中国では、偉くなればなるほど（社会的地位が高くなればなるほど）ＩＱが高くなる。これは当たり前のこと。でも不思議なことに日本では、偉くなればなるほどＩＱが低くなる」

たしかに、国際社会全体を見渡しながら、長期的な視野に立って日中関係を考えている政府首脳は皆無ではないだろうか。だから、ヒラリー・クリントンは国務長官時代、安全保障問題について日本首脳と語らうことに喜びを見出せなかったのだろう。なぜなら、日本政府の要人と会えば、出てくる言葉はフテンマ（普天間）ばかり。普天間基地移設問題は、国務長官が語るべき話題ではなく、「不動産屋かハウスキーパーの話題」

と思っていたはずだ。一方、中国首脳との会話は弾んだようである。中国首脳には歴史や国際社会全体を見渡した雄大なスケールで話をできる人材が多かったらしい。

尖閣問題をめぐって、中国の民衆は「空気」に押し流され暴動に及んだ。しかし、日本の民衆の間に、そのような未熟な行動は見られなかった。一方、首脳レベルを比較すると、暗澹《あんたん》たる思いに駆られる。日本の首脳は、またしても「空気の決定」によって右往左往してはいないだろうか。

「空気」に押し流されず、歴史に学び、冷徹な眼差しで事実を見つめ発信しつづけるリーダーが、一人でも多く育ってくれることを願ってやまない。

この作品は、二〇〇九年十一月にＰＨＰ研究所より刊行された『情報と外交』を改題したものである。

PHP新書

PHP INTERFACE
http://www.php.co.jp/

孫崎 享［まごさき・うける］

1943年旧満州国鞍山生まれ。66年東京大学法学部中退、外務省入省。英国（２回）、ソ連（２回）、米国（ハーバード大学留学）、イラク、カナダ勤務を経て、情報局分析課長、駐ウズベキスタン大使、国際情報局長、駐イラン大使を歴任。2002年防衛大学校教授に転出し、09年3月退官。
著書に『日本外交 現場からの証言』（中公新書、第二回山本七平賞受賞）、『日米同盟の正体』『不愉快な現実』（以上、講談社現代新書）、『日本人のための戦略的思考入門』（祥伝社新書）、『戦後史の正体』（創元社）などがある。

日本の「情報と外交」

（PHP新書 841）

二〇一三年一月七日 第一版第一刷

著者――孫崎 享
発行者――小林成彦
発行所――株式会社ＰＨＰ研究所
東京本部――〒102-8331 千代田区一番町21
新書出版部 ☎03-3239-6298（編集）
普及一部 ☎03-3239-6233（販売）
京都本部――〒601-8411 京都市南区西九条北ノ内町11
制作協力 組版――株式会社ＰＨＰエディターズ・グループ
装幀者――芦澤泰偉＋児崎雅淑
印刷所 製本所――図書印刷株式会社

ISBN978-4-569-80972-4

PHP新書刊行にあたって

「繁栄を通じて平和と幸福を」(PEACE and HAPPINESS through PROSPERITY)の願いのもと、PHP研究所が創設されて今年で五十周年を迎えます。その歩みは、日本人が先の戦争を乗り越え、並々ならぬ努力を続けて、今日の繁栄を築き上げてきた軌跡に重なります。

しかし、平和で豊かな生活を手にした現在、多くの日本人は、自分が何のために生きているのか、どのように生きていきたいのかを、見失いつつあるように思われます。そして、その間にも、日本国内や世界のみならず地球規模での大きな変化が日々生起し、解決すべき問題となって私たちのもとに押し寄せてきます。

このような時代に人生の確かな価値を見出し、生きる喜びに満ちあふれた社会を実現するために、いま何が求められているのでしょうか。それは、先達が培ってきた知恵を紡ぎ直すこと、その上で自分たち一人一人がおかれた現実と進むべき未来について丹念に考えていくこと以外にはありません。

その営みは、単なる知識に終わらない深い思索へ、そしてよく生きるための哲学への旅でもあります。弊所が創設五十周年を迎えましたのを機に、PHP新書を創刊し、この新たな旅を読者と共に歩んでいきたいと思っています。多くの読者の共感と支援を心よりお願いいたします。

一九九六年十月

PHP研究所